研究生高水平课程体系建设丛书

HANGKONG JIEGOU YOUXIANYUAN FENXI

航空结构有限元分析
——基于 ABAQUS 的有限元分析

殷之平　谢　伟　编著

西北工业大学出版社

西　安

【内容简介】 本书阐述了基于ABAQUS有限元软件的飞机结构有限元建模方法,主要内容包括飞机结构有限元分析简介、有限元模型的建立、常用单元特性及对结构模拟能力的介绍、边界条件和载荷的施加、分析求解和计算结果的说明等。本书还提供了大量飞机典型结构有限元建模实例,以便读者理解和掌握飞机结构有限元建模准则和技巧。

本书主要面向航空航天类院校及相关专业的工程硕士研究生,也可供结构分析领域工程技术人员和科研开发人员参考。

图书在版编目(CIP)数据

航空结构有限元分析:基于 ABAQUS 的有限元分析/
殷之平,谢伟编著.—西安:西北工业大学出版社,2017.11(2023.9 重印)
(研究生高水平课程体系建设丛书)
ISBN 978-7-5612-5382-3

Ⅰ.①航… Ⅱ.①殷… ②谢… Ⅲ.①航空工程-
有限元分析-应用软件-研究生-教材 Ⅳ.①V2-39

中国版本图书馆 CIP 数据核字(2017)第 178558 号

策划编辑:何格夫
责任编辑:王 静

出版发行:西北工业大学出版社
通信地址:西安市友谊西路 127 号   邮编:710072
电   话:(029)88493844 88491757
网   址:www.nwpup.com
印 刷 者:西安五星印刷有限公司
开   本:787 mm×1 092 mm   1/16
印   张:14.5
字   数:349 千字
版   次:2017 年 11 月第 1 版 2023 年 9 月第 2 次印刷
定   价:65.00 元

前　言

有限元法(Finite Element Method，FEM)是通过对连续介质进行离散化，并将各种场问题在连续介质上定义的微分方程求解问题转换为易于求解的线性方程求解问题的一种数值计算方法。自 20 世纪 60 年代 Clough 首次提出有限元法的概念以来，已迅速成为解决航空、汽车、机械、电子等行业及土木工程等领域一系列工程问题的有效手段。特别是随着计算机技术的日益发展和普及，20 世纪 70 年代以来相继出现了一些以有限元法为基础的有限元分析(Finite Element Analysis，FEA)软件，如 SAP，NASTRAN，ANSYS，ABAQUS 等。通过这些软件的应用，有力地推动了 FEM 在工程中的实际应用，同时也促进了有限元法的发展。

应力分析是飞机结构强度设计重要的工作内容之一。外载荷作用下的结构变形会在结构内部引起应变和应力，求出这些应变和应力在各部位的大小和分布是对结构进行静强度设计的基础。另外，在进行动强度分析和疲劳寿命估算时，也必须首先求出相应载荷情况下结构中的应力分布。

随着有限元分析软件的发展及商品化的普及，有限元法已成为复杂飞机结构应力分析最重要的工具，至今几乎没有结构工程师可以摆脱有限元法而从容地完成结构应力分析。正确灵活地使用有限元法，不仅可以准确地得到结构中的应力分布，而且可以得到结构与结构及结构与外界之间的相互作用力，为以后强度校核、静力试验等提供极大的方便。然而，拥有先进的和完全自动化的有限元分析软件平台，并不意味着掌握了有限元分析方法就能够获得正确的分析结果。对于实际的工程结构，特别是航空领域的复杂组合结构，工作环境复杂严峻，技术要求苛刻，要取得合乎工程标准的可信的结构分析结果，需要工程技术人员具有较高的理论素养和实际经验。

本书根据 ABAQUS 有限元软件的特征，在总结飞机结构有限元建模经验的基础上，阐述飞机结构线性和非线性有限元建模的准则和技巧，提出建立适用的有限元模型的基本方法步骤，包括结构简化、网格划分、元素选取、边界条件和外载荷施加，分析求解和计算结果的说明，为结构分析工程师建立有限元模型提供指导和帮助。同时，本书还提供了大量的飞机典型结构有限元建模实例，以便读者理解和掌握飞机结构有限元建模准则和技巧。

在本书的编写过程中，研究生贺旭东、赵慧、刘晓丰、陈建军、齐紫玉等人付出了许多辛勤的劳动，在此表示衷心的感谢！同时感谢本书所参考书目的作者，书中如有漏引之处，还请作者见谅！

由于水平有限，书中难免存在欠妥之处，敬请读者批评指正。

编著者

2017 年 9 月

目　　录

第1章 绪　　论

有限元法的基本思想是将复杂的结构看成由有限个单元仅在节点处连接的整体,即将要研究的弹性连续结构离散成有限个单元体,这些单元体在有限个节点上相互连接。首先,对每一个单元分析其特性,在一定的精度要求下,对每个单元用有限个参数来描述它的力学特征,建立起相关物理量之间的相互联系;然后,再依据各单元之间的联系将各个单元组装成整体,从而建立起连续体的平衡方程,应用方程的相应解法,即可完成整个问题的分析。有限元方法的基本思想可追溯到 Courant 在 1943 年的工作,他最先将一系列三角形区域上定义的分片连续函数和最小势能原理相结合来求解圣维南扭转问题。然而有限元的实际应用是随着电子计算机的出现而开始的。首先是 Turner,Clough 等人于 1956 年将刚架分析中的位移法推广到弹性力学平面问题,并应用于飞机结构的分析。

有限元法经过半个多世纪的发展,已成为当今航空结构问题中应用最为广泛的数值计算方法。特别是商业有限元软件的出现,现已集多学科理论知识于一身,它不仅可以进行结构的静力学和动力学分析,而且可以计算结构在热载荷及声载荷等作用下的应力应变分布情况。其中,ABAQUS 软件是一套先进的通用有限元程序软件,被广泛地认为是功能强大的有限元软件,可以分析复杂的固体力学和结构力学系统,特别是能够驾驭非常庞大的问题和模拟非线性问题,在航空结构分析中起到巨大的作用。

ABAQUS 包含 2 个主要的分析模块:

(1)ABAQUS/Standard。该模块能够求解广泛的线性和非线性问题,包括结构的静态、动态、热和电响应等。通常对于同时发生作用的几何、材料和接触非线性采用自动控制技术处理。

(2)ABAQUS/Explicit。该模块适合于分析如冲击和爆炸这样短暂、瞬时的动态事件,对高度非线性问题也非常有效,包括模拟加工成形过程中改变接触条件的问题。

ABAQUS 软件还包括 ABAQUS 的前后处理器 ABAQUS/CAE,与 ABAQUS/Standard组合的 2 个特殊用途的分析模块 ABAQUS/Aqua 和 ABAQUS/Design 等几个部分。

由于航空结构大多数为复杂的组合结构,例如机身、机翼和起落架等大都由成百上千,甚至上万个零件组成,力学特性非常复杂,而技术要求又非常苛刻,所以为了更好地求解航空结构,除了拥有性能优越的计算机和先进的计算分析软件外,还有十分重要的一条是要建立一个好的有限元分析模型。未经系统训练或只听过有限元引论讲座的人使用功能强大的有限元软件分析问题是不太适宜的,他们不能对计算机所提供的结果进行正确的判断,从而无法对计算模型做必要的修正,盲目地相信计算机提供的结果是相当危险的。只有当模型能如实地反映结构的几何形状、材料特性、传力路线、承载方式以及边界条件等因素时才有可能取得一个接近真实的分析结果。要建立一个好的模型,必须有丰富的经验和良好的工程直感。因此,本书不仅介绍航空结构有限元分析过程和 ABAQUS 软件在航空结构分析中的应用,更重要的是介绍航空结构建模技术,为工程硕士研究生今后从事航空结构分析提供更实际和更有效的帮助。

第2章 飞机结构有限元分析简介

2.1 飞机结构简介

飞机的主要组成部件包括机翼、机身、尾翼、起落架、动力装置等,如图2-1所示。

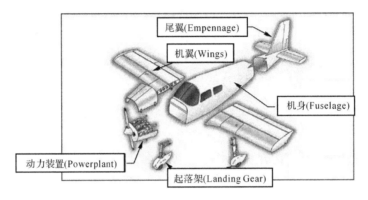

图2-1 飞机的主要部件

机翼是飞机产生升力的部件,机翼后缘有可操纵的活动面,外侧的活动面叫作副翼(见图2-2),用于控制飞机的滚转运动;靠近机身的活动面称为襟翼(见图2-2),用于增加起飞或着陆时的升力。飞机的机翼内部通常装有油箱,机翼下面可外挂副油箱或各种武器,部分飞机的起落架和发动机也安装在机翼下面。

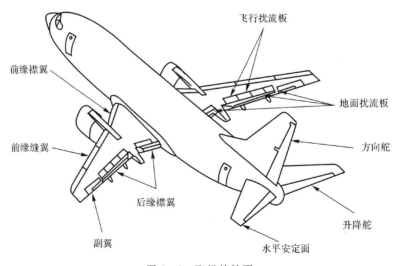

图2-2 飞机的舵面

机身是飞机其他结构部件的安装基础。飞机的机身用来装载人员、货物、设备、燃料和武器等。对于采用翼身融合体设计的飞机,往往很难严格地区分机翼和机身,如图 2-3 所示。

图 2-3　采用翼身融合技术的 X-48C 缩比验证机(美国)

尾翼是平衡、安定和操纵飞机飞行姿态的部件,通常包括垂直尾翼和水平尾翼两部分。方向舵(见图 2-2)位于垂直尾翼后部,用于控制飞机的航向;升降舵(见图 2-2)位于水平尾翼后部,用于控制飞机的俯仰。对于采用飞翼布局的飞机,则没有水平尾翼(见图 2-3),甚至没有垂直尾翼。

起落架用于飞机停放、滑行、起飞、着陆和滑跑。飞机的起落架通常由支柱、缓冲器、刹车机轮和收放机构等组成。

动力装置为飞机提供动力,保证它们能够前飞和爬升等。根据产生动力的方式不同,飞机的动力装置有多种类型,有的直接喷气产生推力,有的驱动螺旋桨旋转产生推力/拉力。

操纵系统主要用于驱动舵面等部件偏转,以对飞机进行操纵。操纵系统通常布置在飞机内部,一般通过液压系统、电缆或钢索等将驾驶员的操纵指令传递给舵面使其偏转。

2.2　航空组合结构有限元分析

在航空组合结构有限元分析中,结构有限元分析模型的建立,是进行结构有限元分析的最重要的一步,因为有限元程序工作的对象并不是真实的航空结构,而是理想化了的有限元模型。如果所建立的有限元模型方法合理地反映航空组合结构的实际情况,则无论所采用的有限元理论如何完备,所应用的有限元程序如何正确,都不能很好地解决工程实际问题。因此,建立结构有限元分析模型的总则就是要使建立的有限元模型能在力学上合理地模拟实际的工程结构。这里的合理是指:

(1)必须满足工程精度要求,模型应能如实反映结构的几何形状、材料特性、传力路线、承载方式及边界约束条件;

(2)作为工程计算模型,还应满足经济性的要求,即计算量要尽可能小。并且,航空结构有限元模型的建立往往不是一次可以完成的,还应该同实际观察结果(试验、试飞测试结果)进行仔细的对比、比较,不断地修正模型,航空组合结构的有限元模型才能日臻完善。

2.2.1 航空结构受力特征分析

飞机总体受力结构包括翼面(机翼、尾翼)结构、机身结构和系统结构三部分。翼面结构与机身结构属于薄壁结构:骨架为基础,外面固定上厚度较薄的受力蒙皮;系统结构主要包括起落架结构与操纵系统结构。

飞机局部受力结构:连接区结构。

1. 机翼

典型的翼面结构如图 2-4 所示。机翼结构一般由以下典型元件组成:

纵向受力构件——翼梁、长桁、墙;

横向受力构件——翼肋(普通肋与加强肋);

蒙皮:在纵、横构件骨架的外面。

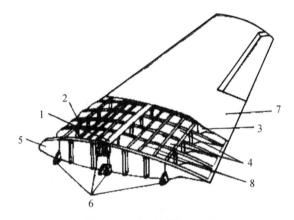

图 2-4 典型的翼面结构

1—翼梁; 2—前纵墙; 3—后纵墙; 4—普通翼肋; 5—加强翼肋; 6—对接接头; 7—蒙皮; 8—桁条

各典型元件的受力特性如下:

(1)蒙皮主要作用是传递气动力和维持外形。薄蒙皮用于低速飞机机翼,主要承受扭矩引起的剪流;随着飞机速度的增加,由于刚度需要,蒙皮增厚,此时蒙皮还要以本身承受正应力的形式参与承受机翼的主要弯矩——纵向弯矩。此时蒙皮在其自身平面内受有较大的正应力和剪应力;对于翼型很薄而蒙皮很厚的机翼,则要计及蒙皮的承弯能力。

(2)翼肋普通肋传递局部气动载荷及维持剖面形状,同时还作为长桁的支点,受长桁传来的气动力,还为长桁受压失稳提供侧向支持。

加强肋除具有普通的承力能力外,还具有以下作用:

1)传递其他部件传来的集中载荷,将它扩散成梁腹板蒙皮组成的闭式的分布剪流;

2)将某种形式的分布剪流转换为另一种形式的分布剪流。

这些能力引起肋在自身平面内横向弯曲,故加强肋一般具有腹板和缘条两部分以受剪力和弯矩。

(3)翼梁和墙翼梁的外载荷是由各肋传来的剪力及由机身提供的支反力组成的。翼梁的主要功能是承受机翼的弯矩和剪力,其缘条承受弯矩引起的轴向力,腹板承受机翼的剪力和扭矩引起的剪流。纵墙和翼梁腹板类似,主要承受剪力。

(4)长桁主要功能是承受机翼弯矩引起的轴向力,此外,还起传递气动载荷和支持蒙皮的作用。

2.机身

机身结构也是薄壁结构,典型的机身结构如图 2-5 所示,它由蒙皮、长桁、梁及隔板框组成。

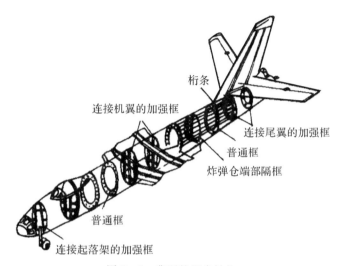

图 2-5　典型的机身结构

(1)长桁及梁纵向构件承受弯曲引起的正应力,并支持蒙皮以增加其受压、受剪的临界应力。

(2)隔板框分普通框与加强框两种。普通框与普通肋一样,主要用来维持机身截面形状,同时也是桁条、蒙皮的支承点。加强框除具有上述功能外,还将局部集中力及力矩传递给蒙皮。

(3)蒙皮的作用是使机身外形保持光滑,承受剪力和部分弯曲正应力。

3.起落架

常见的起落架由支柱、油气式减震器、扭力臂、轮轴和机轮等主要构件组成,常见的起落架结构型式和受力分析如下:

(1)简单支柱式起落架的结构型式如图 2-6 所示,其基本受力构件就是一根简单的减震支柱(减震器就在支柱里面),它下连机轮,上连机体,本身就像是梁、柱一样的受力。

为了改善支柱受力,在靠近支柱中部加必要的撑杆,成为双支点梁式受力,以减小固定端处的弯矩。

(2)摇臂支柱式起落架的结构型式如图 2-7 所示,其基本受力构件除了支柱以上,还增添了一个摇臂。摇臂上连支柱、中连减震器,下连轴承;载荷均可通过摇臂的摆动,将来自机轮的力传给支柱和减震器,当减震器与支柱分开时,它只承轴向力。

(3)小车式起落架的结构型式如图 2-8 所示,主要用于重型飞机,以减少地面压力。轮架和支柱采用铰接,并装有稳定缓冲器,以减缓由于跑道不平所引起的俯仰震动,并调节前后轮载荷分配。

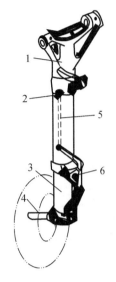 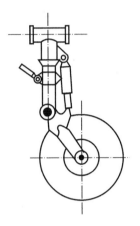

图 2-6 简单支柱式起落架　　　　图 2-7 摇臂支柱式起落架

1—上接头；　2—充填嘴；　3—活塞杆；

4—轮轴；　5—外筒；　6—扭力臂

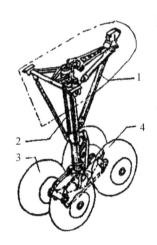

图 2-8 小车式起落架

1—收放作动筒；　2—缓冲支柱；　3—机轮；　4—小车架

4. 操纵系统

操纵系统机构通常由支座,摇臂和拉杆(或钢索)组成。受力基本是一个杆系结构。

5. 飞机局部受力结构

局部受力结构主要是连接件,如飞机接头耳片、钉群(铆钉、螺钉)连接区等。这些结构通常处于二维或三维复杂应力状态中。典型连接结构如图 2-9 所示。

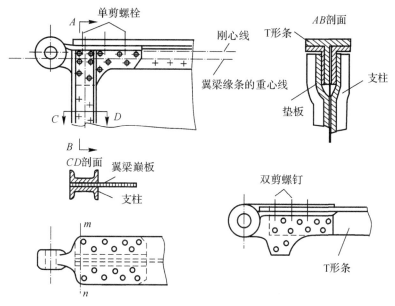

图 2-9 典型连接结构

2.2.2 力学模型的有限元近似与建模准则

1. 力学模型的有限元建模

如上所述,飞机组合结构主要是薄壁结构、杆系结构、板壳结构、钉连接结构及二维、三维连续体结构。早在有限元产生与应用之前,人们已建立了杆系结构力学、薄壁结构力学、板壳理论及连续介质力学等一系列力学模型,工程界应用这些力学模型去模拟航空结构的各个部分,进行着航空结构的力学分析与设计。

从真实结构到上述力学模型已使工程问题在力学上理想化了,但对于复杂的航空组合结构来说,这些力学模型的建立并不意味着它们就能直接应用于航空组合结构的分析与设计,人们还必须在求解中引入某些近似作进一步的简化。以复杂接头等连续介质力学模型为例,求解这类问题的传统方法是解析法,它以通过微元体的平衡、连续及材料物理性态等关系的研究,建立基本微分方程,并结合边界条件求解。这样求解的结果尽管因模型中所引入假设而不可避免地存在误差,但人们通常仍称这些解为精确解或解析解。显然,这种解析解实际上是在承认所取力学模型是正确的这一前提下的精确解。解析解要求在整个问题讨论的范围内和全部边界上满足全部给定的条件,这对即使不很复杂的问题,有时也是困难的;对于复杂的航空组合结构,则是非常困难甚至是不可能的,这时必须引入某种近似。

传统的做法是直接对解析法建立的微分方程,利用有限差分法去求数值解。这种方法在承认所引入力学模型的前提下,在力学意义上是严格的,但在数学处理上是近似的。这种方法的一大缺点是很难吻合不规则的边界。

而对力学模型的有限元近似则与此不同,它是将要求解的连续体,离散为有限个元素,并用有限个参数表示的系统来代替无限个自由度的连续体。因此,从力学意义上来看,它就是近似的,求解时首先找出用节点值表示的元素的解,并使它满足假设的(元素间)或给定的(边界上的)全部条件。

然后将整个连续体中所有元素的这些关系集合起来,联立方程,求解联立方程组即可确定这些节点值。元素内的变量则是通过节点值用插值方法表示出来的。

这种方法的特点是适应性强,它对几何形状复杂,不同材料组合,复杂载荷情况均能处理,因而已在航空及其他工程结构的分析中得到广泛的应用。

2. 建模准则

建模准则是根据工程分析精度要求去建立合适的能模拟实际结构的有限元模型。有限元模型在将连续体离散化及用有限个参数表征无限个自由度过程中不可避免地引入了近似。为使结构的有限元分析有足够的精度,所建立的有限元模型必须在能量上与原连续系统等价。具体地应满足下述条件或准则。

(1)有限元模型应满足平衡条件,即结构的整体和任一元素在节点上都必须保持静力平衡。

(2)变形协调条件:交汇于一个节点上的各元素在外力作用下,引起元素变形后必须仍保持交汇于一个节点。整个结构上的各个节点,也都应同时满足变形协调条件。若用协调元,元素边界上亦应满足相应的位移协调条件。

(3)满足边界条件和材料的本构关系。

(4)刚度等价原则,即有限元模型的抗弯、抗扭、抗拉及抗剪刚度应尽可能等价。

(5)认真选取元素,使之能较好地反映结构件的传力特点,尤其对主要受力构件,应能做到尽可能不失真。在元素内部所采用的应力和位移分布函数必须是当元素大小递减时,有限元解趋于连续系统的精确解。对于非收敛元,应避免使用;对于波动收敛元,应慎用。

(6)应根据结构的特点、应力分布情况、元素性质、精度要求及计算量大小等仔细划分计算网格。

(7)在几何上要尽可能地逼近真实的结构体,其中特别要注意曲线和曲面的逼近问题。

(8)仔细地处理载荷模型,正确地生成节点力,同时载荷的简化不应跨越主要受力构件。

(9)当量阻尼折算应符合能量等价要求。

(10)质量的堆聚应满足质量质心、质心矩及惯性矩等效要求。

(11)超单元的划分尽可能单级化,并使剩余结构最小。

2.2.3　航空结构有限元模型的重要特点

1. 复杂性

航空组合结构具有明显的复杂性,它既包括自然离散化类型的结构,如机身、翼面的杆板组合薄壁结构,起落架与操纵系统的杆梁系结构,又包括人工离散化复杂接头分析用的二维、三维连续体有限元模型,在细微部分分析时,还需要钉元、含裂纹元等特殊元素。

因此,航空组合结构有限元模型几乎涉及现今发展的各类元素及其组合问题,建立一个好的有限元模型是一个较复杂的问题。

2. 对精度的高要求

由于飞机使用的特殊条件,飞机结构分析的精度关系到飞机的安全、寿命和结构重量,而后者对飞机各种性能都有重要的影响,因此,对航空结构有限元模型来说,它对精度的要求要比一般有限元模型高得多,需要我们更为慎重地考虑建模中的各种问题。

2.2.4　航空结构模型中元素的选取

元素的选用要立足于所模拟构件的受力特点。针对航空组合结构的受力情况,现在介绍一些在航空组合结构分析中行之有效的一些元素及其适用范围。

1. 等轴力杆

这种元素如图 2-10 所示。在飞机结构上,这种元素常用于模拟可略去弯曲刚度的杆件,如机身及翼面结构中的长桁,梁、肋突缘,以及支柱等构件。

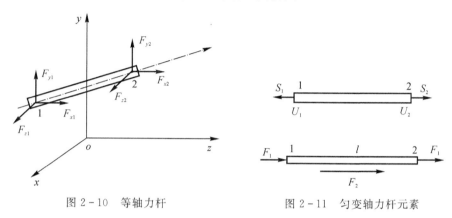

图 2-10　等轴力杆　　　　　　图 2-11　匀变轴力杆元素

2. 匀变轴力杆

这种元素如图 2-11 所示。在飞机结构上,这种元素常用于在轴力杆受剪板模型中取代等轴力杆元素。

3. 空间梁元

这种元素如图 2-12 所示。在飞机结构上,这种元素常用于必须考虑弯曲刚度同时偏心度又较小的杆件,如机身梁、环形框缘条、座舱骨架、气密端框上的加筋件等。

4. 偏心梁元

这种元素如图 2-13 所示。在飞机结构上,这种元素常用于梁元素节点与形心有较大偏离的梁缘条上,此时若不考虑偏心影响,计算结果误差将较大。

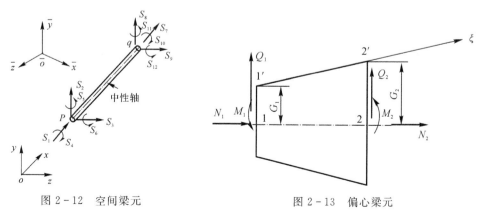

图 2-12　空间梁元　　　　　　图 2-13　偏心梁元

5.梯形受剪板元

这种元素如图2－14所示。在飞机结构上,这种元素常用于厚度较薄的蒙皮及梁、肋腹板,其承受正应力能力折算到相邻的杆元素上。

这种元素与轴力杆元素一起,构成轴力杆-受剪板模型。由于这种模型简单易行,所以在飞机薄壁结构中应用广泛。但需注意:①等效面积与板中应力密切相关,在未求得应力分布情况下,是很难准确确定的,应采用迭代法确定这种等效面积。②这种模型略去了平面受力状态两个方向受力的相关性,有时会引起严重误差,特别是当纵向应力处于高水平时,对这种模型算得的横向构件内力需加以修正。

6.三角形板元素

这种元素如图2－15所示。在飞机结构上,这种元素可用于模拟处于平面应力状态且形状难以用矩形或梯形逼近的蒙皮。这种元素在三角形的形状接近等边时较好,越偏离正三角形,精度就越差。这种元素是一种常应力元素,不能反映应力、应变在元素内部的变化情况,所以在结构简化时尽量少用为好。

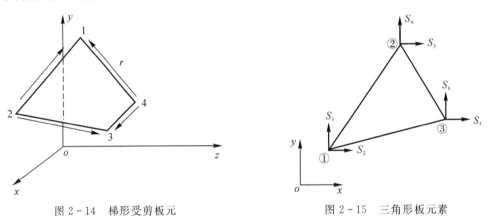

图2－14　梯形受剪板元　　　　　　　　图2－15　三角形板元素

7.矩形板元素

这种元素如图2－16所示。在飞机结构上,这种元素可用于模拟处于平面应力状态,且几何形状可用矩形逼近的蒙皮、加强框的框板和加强肋的肋板。

8.任意四边形板元

这种元素如图2－17所示。在飞机结构上,这种元素可用于模拟处于平面应力状态且几何形状可用任意四边形逼近的蒙皮、加强框的框板和加强肋的肋板。

9.6节点平面三角形板元

这种元素如图2－18所示。在飞机结构上,这种元素可用于模拟处于平面应力状态且几何形状需用直边或曲边三角形逼近,而精度又要求较高的蒙皮及框、肋板。注意棱边中点要落在该棱边长度中央1/3的区域内。

10.8节点四边形等参元

这种元素如图2－19所示。在飞机结构上,这种元素可用于模拟处于平面应力状态且边界为曲线的孔边蒙皮或框、肋板。注意棱边中点最好要落在该棱边长度中央1/3的区域。

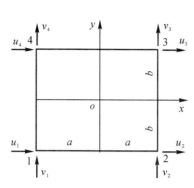

图 2-16　矩形板元素

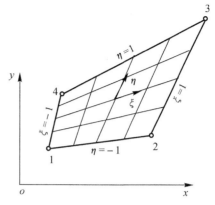

图 2-17　任意四边形板元

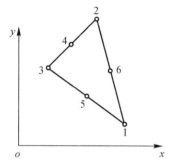

图 2-18　6 节点平面三角形板元

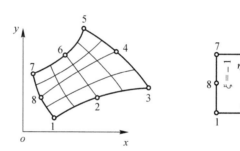

图 2-19　8 节点四边形等参元

11.10 节点四面体元

这种元素如图 2-20 所示。在飞机结构上,这种元素可用于模拟三维应力状态,且几何形状适宜用直边或曲边四面体元素模拟的三维接头,在形状复杂且变化剧烈的部位采用这种元素,便于自动生成模型网格。

12.15 节点三棱柱元

这种元素如图 2-21 所示。在飞机结构上,这种元素可用于模拟处于三维应力状态,且几何形状适于用直或曲三棱体来逼近的复杂接头。注意:①这种元素精度一般不及相应的六面体元素(20 节点);②棱边中间节点要落在该棱边长度的中央 1/3 的区域内。

13.8 节点六面体等参元

这种元素如图 2-22 所示。在飞机结构上,这种元素是分析三维应力状态最常用元素之一。其适用于在几何形状上可用六面体形状来逼近且精度要求不高的块体结构。

14.20 节点六面体等参元

这种元素如图 2-23 所示。在飞机结构上,这种元素是分析三维应力状态最常用元素之一。其适用于在几何形状上可用六面体形状来逼近且精度要求较高的复杂结构。

15.矩形板弯单元

这种元素如图 2-24 所示。在飞机结构上,这种元素可用于模拟处于弯曲应力状态,且几何形状难以用矩形来逼近的厚蒙皮及厚的框肋板。

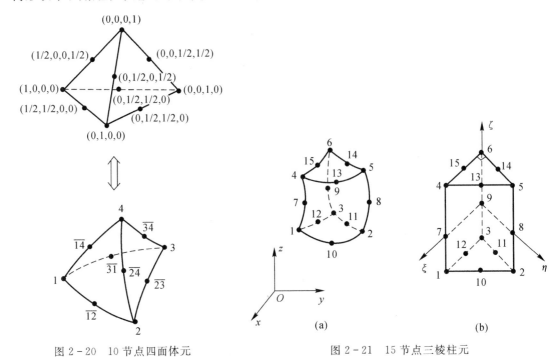

图 2 - 20   10 节点四面体元

图 2 - 21   15 节点三棱柱元

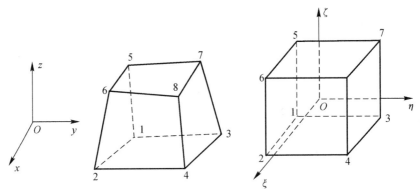

图 2 - 22   8 节点六面体等参元

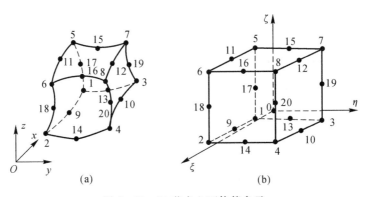

图 2 - 23   20 节点六面体等参元

16. 三角形板弯单元

这种元素如图 2-25 所示。在飞机结构上,这种元素可用于模拟处于弯曲应力状态,且几何形状难以用矩形来逼近的厚蒙皮及厚的框肋板。

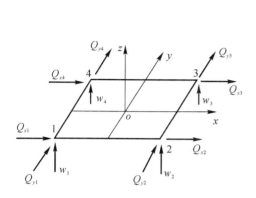

图 2-24　矩形板弯单元

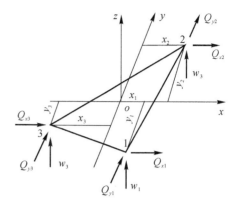

图 2-25　三角形板弯单元

17. 薄壳三角形板元

这种元素如图 2-26 所示。在飞机结构上,这种元素可用于模拟同时具有膜应力与弯曲应力的薄壳应力状态,且几何形态需用三角形来逼近的蒙皮机身壳体及机头罩、进气道壁板等飞机结构部分。

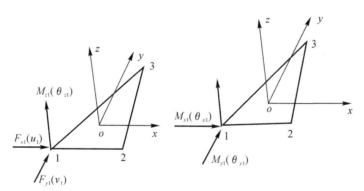

图 2-26　薄壳三角形板元

18. 薄壳矩形板元

这种元素如图 2-27 所示。在飞机结构上,这种元素可用于模拟同时具有膜应力与弯曲应力的薄壳应力状态,且几何形状可用矩形来逼近的蒙皮机身壳体及机头罩等飞机结构部分。

19. 钉元

钉元是指连接结构件的铆钉和螺栓,其受力情况如图 2-28 所示。由于受剪状态钉元同时发生弯、剪变形,紧固件及孔附近应力状态相当复杂。

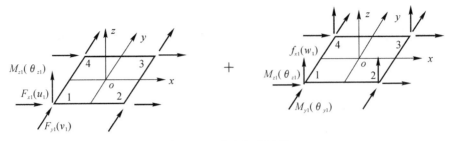

图 2-27　薄壳矩形板元

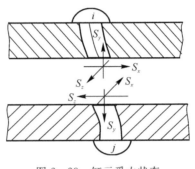

图 2-28　钉元受力状态

2.2.5　网格划分

有限元网格划分可参考下述经验。

(1)在划分元素时,就整体来说,元素的大小要根据工程上的精度要求和所用计算机的速度及容量来决定。

(2)在划分元素时,应根据部位的重要性以及应力、位移变化剧烈与否来决定元素的疏密,重要部位以及应力变化剧烈部位,元素应划得较密,反之则疏。

若应力与位移变化情况事先不易估计,可先用均匀元素进行一次计算,然后,据计算结果重新划分元素,再进行第二次计算。

(3)在划分元素时,应尽量利用对称性来减少计算量。

(4)若计算对象厚度有突变、或弹性有突变之处,除了应将这种部位元素取得较小外,还应将突变线作为元素的分界线。

(5)若计算对象受有集度突变的分布载荷,或受有集中载荷,也应当把这种部位的元素取得小一些,并在载荷突变或集中载荷作用之处布置节点,以使应力的突变得到一定程度的反映。

(6)元素形态的好坏,对计算精度影响很大,一般来说,应尽可能使每个元素角不能太尖,如四边形元素单元 4 个顶角的角度要尽量保持在 90°附近,三角形元素 3 个顶角的角度要尽量保持在 60°附近。

(7)棱边节点间距对计算精度影响很大,这种节点应尽可能安置在棱边中点,至少应在如图 2-29 所示的安全区内。

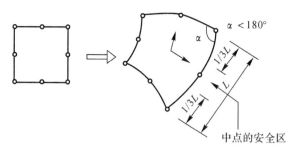

图 2-29　等参元棱边中点安全区

2.2.6　边界条件

在建立有限元模型过程中,除了认真考虑结构有限元模型本身的建立之外,还必须认真考虑对结构分析有重要影响的边界条件的模拟。

1. 各种位移边界条件

在有限元位移法分析中,边界条件主要指的是位移边界条件,它们来自对结构边界处刚度分析的结果。对于飞机组合结构,在施加位移边界条件时,应考虑下述因素。

(1)静力分析时,要消除结构的全部刚体位移。

对于飞机结构全机静力分析,必须消除飞机机体结构的全部刚体自由度。这就需要施加6个独立的约束,通常这种约束加在前起落架和两个主起落架上,按静定方式安排,当计算结果正确时,起落架上的支反力应为零。

对于带舵面的机体结构,还要检查舵面转动自由度是否约束了。

(2)分析部分结构时边界条件的引入。

分析整体结构中某部分结构时,需要仔细考虑边界支持条件,通常的做法是:将要分析的这部分结构模型细化,而与其相邻区域,引入一段"过渡结构",以便使所关心的那部分结构的支持更为真实。如分析尾翼结构时,常用一段后机身结构作为支持,将人为边界约束带来的影响限制在"过渡结构"中。

(3)对于几何线性问题,要消除瞬时可变自由度。

对于几何线性问题,飞机组合结构上的瞬时可变自由度,实际上都是结构上的零刚度方向,它们的存在会导致结构刚度矩阵奇异。这种结构的例子有机身内框缘节点,斜框内节点等。对于这类问题常用的处理方法有:

1)在结构的零刚度方向直接施加约束。这种约束方法可以进行正确的应力分析,但缺点是:

①被约束点的位移失真(强迫为零),结构变形图将严重扭曲;

②对于斜框内点,加垂直斜框平面约束有附加工作量。

2)从框缘内点和斜框板内点用细杆和相邻外框缘上点相连。这种方法简便易行,它不仅可以给出正确的应力分布,而且可以给出良好的位移分布。

(4)指定位移约束的应用。

当对某一结构进行了一轮有限元分析之后,欲对这一结构的某部分区域进行更详细的应力分析时,则就需要对这局部细化的结构模型边界节点施加位移约束条件,其值取自第一次有限元在这些点上得到的节点位移。

现有的有限元软件已经支持这样的强迫的位移施加。

2. 对称条件

当利用对称性时,必须据载荷特点施加相应的边界条件,即对称结构在对称(或反对称)载荷作用下,其内力和节点位移均具有对称(或反对称)的性质。因此,相应的边界条件:

对称载荷下:对称面上的节点反对称位移为 0;

反对称载荷下:对称面上的节点对称位移为 0。

当结构对称、载荷非对称时,可将非对称载荷分解为对称载荷和反对称载荷两部分分别计算后,按线性叠加原理得到所需结果。

3. 主从自由度

所谓主从自由度,是指结构中一个或几个节点与另外某一节点之间自由度有一定的从属关系。从节点可以有一个或几个自由度从属于主节点,也可以 6 个自由度都从属于主节点。现有软件中可以用 MPC、刚性连接等单元处理。

2.2.7 载荷模型与节点载荷

飞机结构从研制到服役期间要承受各种载荷,其中包括起飞载荷、飞行载荷、地面操作载荷和试验载荷等。这些载荷除从军、民机通用规范中给出大体规定外,对特定飞机型号还有很多独特要求,对此,订货方可根据型号的具体要求,对规范中某些指标提出更改,以与承包方签订的合同为准。

上述载荷从力学上可归结为气动力、惯性力与热载荷 3 类。

1. 气动力载荷

飞机结构上作用的气动力大小及其分布,通常需通过飞行力学及空气动力学的有关分析、试验及试飞来确定。对于气密压力则由使用要求确定。

作用在飞机结构上的气动力是一种分布式表面力。

气动力载荷,对于飞机结构的有限元分析,在工程上通常按静力等效原则处理,当然在应用这一原则时需注意真实的传力路线,尤其不可跨过主要的受力构件。

2. 惯性力载荷

对于机翼结构来说,惯性力占总外载的 $10\% \sim 20\%$,在结构有限元分析中必须计及;对于机身来说,惯性力更是最重要的载荷。结构质量包括构件分布质量(纵、横向构件及蒙皮等)、集中质量(起落架、操纵支座及连杆等)和非结构质量。其非结构质量包括燃油、设备、商载及不能以有限元几何体积计算的结构质量。

质量分布通常是不规则的,为计算需要应选定适当数量的质量网点,然后把所有结构和非结构质量按质量等效原则(质量、质心、惯矩和惯积),堆聚到质量网点上形成质量列阵。然后根据不同的过载工况,获得质量点的惯性力。

惯性力的转换依然参考上述的气动载荷分配方法。

3. 热载荷

观察一个翼梁剖面,当飞机结构受到气动力加热时,其表面温度迅速提高,而其内部温度一时上不来,沿翼梁剖面上的温度及热载荷分布如图 2-30 所示,而温度引起的热载荷是自身平衡力系,这就要求腹板中点必须设立计算节点,同时沿腹板方向引入相应的纵向构件。而这些节点和元件,在载荷应力模型中是不需要的。

一般情况下可以不去计算热应力,而允许只考虑由于温度引起的材料机械性能降低和温度对材料的浸润影响(按飞机全寿命期内累积的高温浸润时间)。即:强度校核中取用材料的高温性能或高温浸润后的许用值。

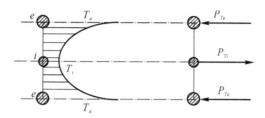

图 2-30　翼梁剖面上的温度及热载荷分布

4.节点载荷

有限元模型只可以在节点处施加离散载荷(节点载荷):

(1)集中载荷可直接施加到节点上;

(2)分布载荷必须被转化为一套离散的节点载荷。

在向有限元模型施加节点载荷时必须记住以下几点:

(1)载荷可以是力或力矩,每个力和每个力矩通常有 3 个分量;

(2)载荷可以被定义为相对任意方便工程师的参考坐标系;

(3)载荷分量只分配给主自由度(非零刚度的自由度)。

将分布载荷转换为节点载荷有两种不同方法:

(1)"集中的"载荷,简单地基于静力平衡;

(2)"一致的"载荷,基于"作用等价"。

一致载荷(与所作用有限元类型相关的位移定律一致的载荷)通过将节点载荷通过节点位移产生的作用,与分布载荷通过单元连续位移产生的作用(由有限单元假设的位移定律所定义)等同起来而确定。具体的计算过程可参考相关的有限元书籍。

第3章 ABAQUS简介与基本使用方法

3.1 ABAQUS 简 介

3.1.1 ABAQUS 总体介绍

ABAQUS是功能强大的有限元软件,可以分析复杂的固体力学和结构力学系统,模拟庞大复杂的模型,处理高度非线性问题。ABAQUS不但可以做单一零件的力学和多物理场的分析,同时还可以完成系统级的分析和研究。由于ABAQUS强大的分析能力和模拟复杂系统的可靠性,它在各国的工业和研究中得到了广泛的应用,在大量的高科技产品开发中发挥着巨大的作用。

ABAQUS使用起来十分简便,可以很容易地为复杂问题建立模型。例如,对于多部件问题,可以首先为每个部件定义材料参数,划分网格,然后将它们组装成完整模型。对于大多数模拟(包括高度非线性的问题),用户仅需提供结构的几何形状、材料特性、边界条件和载荷工况等工程数据。在非线性分析中,ABAQUS能自动选择合适的载荷增量和收敛准则,并在分析过程中不断地调整这些参数值,确保获得精确的解答,用户几乎不必去定义任何参数就能控制问题的数值求解过程。

ABAQUS具备十分丰富的单元库,可以模拟任意几何形状,其丰富的材料模型库可以模拟大多数典型工程材料的性能,包括金属、橡胶、聚合物、复合材料、钢筋混凝土、可压缩的弹性泡沫以及地质材料(例如土壤、岩石)等。作为一种通用的模拟工具,ABAQUS不仅能够解决结构分析(应力/位移)问题,而且能够分析热传导、质量扩散、电子元器件的热控制(热/电耦合分析)、声学、土壤力学(渗流/应力耦合分析)和压电分析等广泛领域中的问题。

3.1.2 ABAQUS 的主要分析功能

ABAQUS主要具有以下分析功能:

(1)静态应力/位移分析:包括线性、材料非线性、几何非线性、结构断裂分析等。

(2)动态分析:包括频率提取分析、瞬态响应分析、稳态响应分析、随机响应分析等。

(3)非线性动态应力/位移分析:包括各种随时间变化的大位移分析、接触分析等。

(4)黏弹性/黏塑性响应分析:黏弹性/黏塑性材料结构的响应分析。

(5)热传导分析:传导、辐射和对流的瞬态或稳态分析。

(6)退火成形过程分析:对材料退火热处理过程的模拟。

(7)质量扩散分析:静水压力造成的质量扩散和渗流分析等。

(8)准静态分析:应用显式积分方法求解静态和冲压等准静态问题。

(9)耦合分析:热/力耦合、热/电耦合、压/电耦合、流/力耦合、声/力耦合等。

(10)海洋工程结构分析：模拟海洋工程的特殊载荷，例如流载荷、浮力、惯性力；分析海洋工程的特殊结构，例如锚链、管道、电缆；模拟海洋工程的特殊连接，例如土壤/管柱连接、锚链/海床摩擦、管道/管道相对滑动。

(11)瞬态温度/位移耦合分析：力学和热响应耦合问题。

(12)疲劳分析：根据结构和材料的受载情况统计，进行疲劳寿命预估。

(13)水下冲击分析：对冲击载荷作用下的水下结构进行分析。

(14)设计灵敏度分析：对结构参数进行灵敏度分析，并据此进行结构的优化设计。

3.1.3　ABAQUS 的主要模块

ABAQUS 包含一个全面支持求解器的前后处理模块——ABAQUS/CAE，以及两个主求解器模块——ABAQUS/Standard 和 ABAQUS/Explicit。ABAQUS 还提供了专用模块，包括 ABAQUS/Design、ABAQUS/Aqua、ABAQUS/Foundation、MOLDFLOW 接口、MSC、ADAMS 接口等。

1. ABAQUS/CAE

ABAQUS/CAE 是 ABAQUS 的交互式图形环境，可以用来方便快捷地构造模型，为部件定义材料特性、载荷、边界条件等模型参数。ABAQUS/CAE 具有强大的网格划分功能，并可检验所构造的分析模型，提交、监视和控制分析作业，然后使用后处理模块来显示分析结果。

现代 CAD 系统普遍采用基于"特征"的参数化建模方法，ABAQUS/CAE 是到目前为止唯一提供这种几何建模方法的有限元前处理程序。用户能够通过拉伸、旋转、扫掠、倒角和放样等方法来创建参数化几何体，同时也能够由各种通用的 CAD 系统导入几何体，并运用参数化建模方法进行进一步编辑。

2. ABAQUS/Viewer

ABAQUS/Viewer 是 ABAQUS/CAE 的子模块，它包含了 ABAQUS/CAE 的 Visualization 模块的后处理功能，本书中对 Visualization 模块的讨论都适用于 ABAQUS/Viewer。

3. ABAQUS/Standard

ABAQUS/Standard 是一个通用分析模块，它能够求解广泛领域的线性和非线性问题，包括静态分析、动态分析，以及复杂的非线性耦合物理场分析等。在每一个求解增量步（Increment）中，ABAQUS/Standard 隐式地求解方程组。

ABAQUS/Standard 提供并行的稀疏矩阵求解器，对各种大规模计算问题都能十分可靠地快速求解。ABAQUS 公司对于 ABAQUS/Standard 的每一个版本都进行完整的测试，包括 13 000 次的回归测试，从而严格保证求解的可靠性和质量。

4. ABAQUS/Explicit

使用 ABAQUS/Explicit 可以进行显式动态分析，它适于求解复杂非线性动力学问题和准静态问题，特别是用于模拟短暂、瞬时的动态事件，如冲击和爆炸问题。此外，它对处理接触条件变化的高度非线性问题也非常有效，例如模拟成型问题。它的求解方法是在时间域中以很小的时间增量步向前推出结果，而无需在每一个增量步求解耦合的方程系统，或者生成总体刚度矩阵。

ABAQUS/Explicit 不但支持应力/位移分析,而且还支持完全耦合的瞬态温度/位移分析、声/固耦合分析。任意的拉格朗日-欧拉(ALE)自适应网格功能可以有效地模拟大变形非线性问题,例如金属成形。将 ABAQUS/Standard 与 ABAQUS/Explicit 结合使用,结合二者的隐式和显式求解技术,可以求解更广泛的实际问题。

5. ABAQUS/Aqua

ABAQUS/Aqua 拓展了 ABAQUS/Standard 在海洋工程中的应用,包括海洋平台导管架和立管的分析、J 形管的拖曳模拟,以及底部弯曲计算和漂浮结构的研究等。ABAQUS/Aqua 与 ABAQUS/Standard 其他的功能兼容,可以考虑静力、动力或频率分析中的线性和非线性效应。

除了 ABAQUS/Standard 提供的重力载荷、静水压力等载荷形式,ABAQUS/Aqua 为部分或全部浸没的结构提供特定的载荷库,例如浮力或拖曳力。基于单元的几何形状、流体属性、稳态流、波的形式和风速的分布,程序将自动确定载荷的大小和方向。

6. ABAQUS/Design

ABAQUS/Design 拓展了 ABAQUS/Standard 在设计敏感性分析(DSA)中的应用。设计敏感性,即设计参数与设计响应的梯度。它有益于理解设计行为和预测设计变化的影响,可以用于分析位移、应力和应变(包括主值和不变量)、反力、单元体积、接触压力和特征频率等设计响应。设计参数,如弹性或超弹性材料属性、方向、节点坐标、截面属性和横向剪切刚度等,会显著地影响实体、壳、薄膜、梁和桁架单元的响应。在大位移分析的敏感性计算中,可以考虑非线性几何效应。模型可以包含较小的有限滑动接触,其中摩擦系数可以与设计参数相关。

7. ABAQUS/Foundation

ABAQUS/Foundation 是 ABAQUS/Standard 的一个组成部分,它可以更高效地使用 ABAQUS/Standard 的线性静力和动力分析的功能。

8. MOLDFLOW 接口

ABAQUS 的 MOLDFLOW 接口可以将 MOLDFLOW 分析软件中的有限元模型信息转换为 INP 文件的组成部分。

9. MSC. ADAMS 接口

ABAQUS 的 MSC. ADAMS 接口是基于 ADAMS/Flex 的子模态综合格式,它允许将 ABAQUS 有限元模型作为柔性部件输入到 MSC. ADAMS 系列产品中。

3.1.4 ABAQUS 帮助文档

一、ABAQUS 帮助文档的内容

ABAQUS 具有一套极其详尽的帮助文件,常用的手册如下:

1. Getting Started with ABAQUS(ABAQUS 入门指南)

该手册是针对初学者的入门指南,指导用户如何应用 ABAQUS/CAE 生成模型,使用 ABAQUS/Standard 和 ABAQUS/Explicit 进行分析,然后在 ABAQUS/CAE 的 Visualization 模块中观察结果。

2. ABAQUS Analysis User's Manual(ABAQUS 分析用户手册)

这是最常用的 ABAQUS 手册,包含对 ABAQUS 的所有功能(包括单元、材料模型、分析过程、输入格式等内容)的完整描述。

3. ABAQUS/CAE User's Manual(ABAQUS/CAE 用户手册)

该手册详细说明了如何运用 ABAQUS/CAE 生成模型,提交分析和后处理。

4. ABAQUS Keywords Reference Manual(ABAQUS 关键词参考手册)

该手册提供了对 ABAQUS 中全部关键词的完整描述,包括对其参数和数据行的说明。

5. ABAQUS Example Problems Manual(ABAQUS 实例手册)

该手册包括详细的 ABAQUS 分析实例,用来演示线性和非线性分析的方法和结果,每一个例题的说明中都包括了对单元类型和网格密度的讨论。

6. ABAQUS Benchmark Manual(ABAQUS 基准校核手册)

该手册只有在线版本,包括用来评估 ABAQUS 性能的基准问题和标准分析(如 NAFEMS 基准问题),将分析结果与精确解和其他已经发表的结果进行比较。这些问题对于学习各种单元和材料模型的性能会有很大帮助。

7. ABAQUS Verification Manual(ABAQUS 验证手册)

该手册只有在线版本,包括评估 ABAQUS 每一种特定功能(例如分析过程、输出选项、多点约束等)的基本测试问题。

二、如何使用 ABAQUS 帮助文档

打开 ABAQUS 帮助文件有以下 3 种方法,现以 ABAQUS 6.5 - 1 版本为例进行说明。

(1)在 Windows 操作系统中点击"开始"→"程序"→"ABAQUS 6.5 HTML Documentation"。

(2)在 Windows 操作系统中点击"开始"→"程序"→"ABAQUS 6.5 - 1"→"ABAQUS Documentation"。

(3)在 ABAQUS/CAE 的主菜单中选择"Help"→"Search & Browse Manuals"。

进行上述操作后,会看到 ABAQUS 帮助文件首页,里面列出了所有 ABAQUS 帮助手册,直接点击上面的超链接就可以打开相应的手册。

在帮助文件首页顶部的搜索栏中,可以输入所关心的关键词,然后点击[Search All Books],此关键词在每本手册中的出现次数就会以红色数字显示出来,点击各手册的超链接时,打开的页面中仍保留着对此关键词的搜索结果。点击页面顶部的[Next Match]和[Previous Match],就可以依次显示此关键词所在的页面。

用引号把多个关键词括起来,就表示把这些词作为一个整体来搜索;如果不使用引号,这些词将被分别搜索。

ABAQUS 的初学者可以先阅读 Getting Started with ABAQUS,此手册详细介绍了 ABAQUS 有限元分析的基本概念,并且提供了很多分析实例。如果用户已经对 ABAQUS/Standard 或 ABAQUS/Explicit 很熟悉,只是想了解 ABAQUS/CAE 的使用方法,可以只练习 Getting Started with ABAQUS 附录 B,C,D 提供的 3 个实例。

如果遇到关于 ABAQUS/CAE 的问题,可以查阅 ABAQUS/CAE User's Manual;如果

是关于 ABAQUS/Standard 或 ABAQUS/Explicit 的问题,可以查阅 ABAQUS Analysis User's Manual。

在使用一个不熟悉的功能时,可以使用前面介绍的搜索功能,在 ABAQUS Example Problems Manual,ABAQUS Benchmark Manual 和 ABAQUS Verification Manual 中寻找与该功能相关的实例。点击这些实例中的超链接,就可以打开相应的 INP 文件。用户也可以按照如下方法提取这些文件(以 ABAQUS 6.5 - 1 版本为例):

在 Windows 操作系统中点击"开始"→"程序"→"ABAQUS 6.5 - 1"→"ABAQUS COMMAND",在 DOS 提示符下输入命令

ABAQUS fetch job=<file name>

其中,<file name>是所要提取的 INP 文件名。

另外,还可以登录 ABAQUS 公司的在线技术支持网站,提交问题或查询已有的解答,操作方法是(以 ABAQUS 6.5 - 1 版本为例):在 Windows 操作系统中点击"开始"→"程序"→"ABAQUS 6.5 - 1"→"MYABAQUS",或直接登陆以下网站:http://ABAQUS.custhelp.com。

3.2 ABAQUS 单元选择

ABAQUS 拥有广泛适用于结构应用的庞大单元库,因此单元类型的选择对模拟计算的精度和效率有着重大的影响。其中单元的名字完整地标明了单元族、单元的数学描述、节点数及积分类型。

3.2.1 单元的表征

1.单元族

不同单元族之间的一个主要区别是每一个单元族所假定的几何类型不同。本书中将用到的单元族有实体单元、壳单元、梁单元、桁架单元和刚性体单元等。单元名字里开始的字母或字母串标志着这种单元属于哪一个单元族,"C"表示实体单元,"S"表示壳单元,"B"表示梁单元等。

2.单元的数学描述

单元的数学描述是指用来定义单元行为的数学理论。在不考虑自适应网格的情况下,在 ABAQUS 中所有应力/位移单元的行为都是基于拉格朗日或材料描述的。为了适用于不同类型的行为,在 ABAQUS 中的某些单元族包含了几种采用不同数学描述的单元。例如,壳单元族具有 3 种类型:一种适用于一般性目的的壳体分析,另一种适用于薄壳,余下的一种适用于厚壳。ABAQUS/Standard 的某些单元除了具有标准的数学公式描述外,还有一些其他可以供选择的公式描述。具有其他可供选择的公式描述的单元在单元末尾附加字母来识别。例如,实体、梁和桁架单元族包括采用杂交公式的单元,它们将经水压力(实体单元)或轴力(梁或桁架单元)处理为一个附加的未知量,这些杂交单元由其名字末尾的"H"字母标识(C3D8H 或 B31H)。

3.节点数目和插值阶数

ABAQUS 仅在单元的节点处计算位移、转动、温度和其他自由度,在单元内的任何其他

处的位移是由节点位移插值获得的。通常插值的阶数由单元采用的节点数目决定。

（1）线性单元：又称一阶单元，仅在单元的角点处布置节点，在各方面都采用线性插值。

（2）二次单元：又称二阶单元，在每条边上有中间节点，采用二次插值。

（3）修正的二次单元：只有 Tri 或 Tet 单元才有这种类型，即在每条边上有中间节点，并采用修正的二次插值。

4. 积分

ABAQUS 应用数值方法在每一单元的体积上对不同的变量进行积分。大部分单元采用高斯积分方法计算单元内每一高斯点处的材料响应。单元末尾用字母"R"识别减缩积分单元，否则是全积分单元，对于一个给定的问题，这种选择对于单元的精度有着明显的影响。

3.2.2　实体单元

应力/位移实体单元的名字以字母"C"开头，随后的两个字母表示维数，并且通常表示（并不总是）单元的有效自由度；字母"3D"表示三维单元；"AX"表示轴对称单元；"PE"表示平面应变单元；"PS"表示平面应力单元。

一、选择三维实体单元的类型

1. 线性完全积分单元

在"Mesh"功能模块的主菜单中选择"Mesh"→"Element Type"，弹出"Element Type"对话框，保持"Linear"参数，取消对"Reduced integration"（减缩积分）的选择，就可以设置单元类型为线性完全积分单元。所谓"完全积分"，是指当单元具有规则形状时，所用的高斯积分点的数目足以对单元刚度矩阵中的多项式进行精确积分。承受弯曲载荷时，线性完全积分单元会出现剪切自锁问题，造成单元过于刚硬，即使划分很细的网格，计算精度仍然很差，例如 CPS4（4 节点四边形双线性平面应力完全积分单元）。

2. 二次完全积分单元

在"Element Type"对话框中选择"Quadratic"参数，取消对"Reduced integration"的选择，就可以设置单元类型为二次完全积分单元，例如 C3D20（20 节点六面体二次完全积分单元）。

二次完全积分单元有以下：

（1）对应力的计算结果很精确，适于模拟应力集中问题。

（2）一般情况下没有剪切自锁问题。

但使用这种单元时需要注意以下问题：

（1）不能用于接触分析。

（2）对于弹塑性分析，如果材料是不可压缩性的，则容易产生体积自锁。

（3）当单元发生扭曲或弯曲应力有梯度时，有可能出现某种程度的自锁。

3. 减缩积分单元

线性减缩积分单元就是在"Element Type"对话框中选择"Reduced integration"，例如 CPS4R（4 节点四边形双线性平面应力减缩积分单元）。对于 Quad 单元和 Hex 单元，ABAQUS/CAE 默认的单元类型是线性减缩积分单元。减缩积分单元比普通的完全积分单元在每个方向少用一个积分点。线性减缩积分单元只在单元的中心有一个积分点，由于存在所谓的"沙漏"数值问题而过于柔软。ABAQUS 在线性减缩积分单元中引入"沙漏刚度"以限制沙漏模式的扩展。模式中的单元越多,这种刚度对沙漏模式的限制越有效。采用线性减缩积分单元模拟承受弯曲载荷的结构时,沿厚度方向上至少应划分 4 个单元。

线性减缩积分单元有以下优点:

(1)对位移的求解结果较明确。

(2)网格存在扭曲变形时,分析精度不会受到大的影响。

(3)在弯曲载荷下不容易发生剪切自锁。

其缺点为

(1)需要划分较细的网格来克服沙漏问题。

(2)如果希望以应力集中部位的节点应力作为分析指标,则不能选用此类单元,因为线性减缩积分单元只在单元的中心有一个积分点,相当于常应力单元,它在积分点上的应力结果是相对精确的,而经过外插值和平均后得到的节点应力则不精确。

4.次减缩积分单元

对于 Quad 单元或 Hex 单元,可以在"Element Type"对话框中将单元类型设置为二次减缩积分单元(单元的最后一个字母为 R),例如 CPS8R(8 节点四边形二次平面应力减缩积分单元)。这种单元不但保持了线性减缩积分单元的优点,而且还具有以下特性:

(1)即使不划分很细的网格也不会出现严重的沙漏问题。

(2)即使在复杂的应力状态下,对自锁问题也不敏感。

但使用这种单元时需要注意以下问题:

(1)不能在接触分析中使用。

(2)不适用于大应变问题。

(3)存在与线性减缩单元相类似的问题,由于积分点少,得到的节点应力往往低于二次完全积分单元。

5.非协调单元

对于 Quad 单元或 Hex 单元,可以在"Element Type"对话框中将单元类型设置为非协调单元(在单元名字的最后一个或倒数第二个字母为 I),例如 CPS4I(4 节点四边形双线性平面应力非协调模式单元)。仅在 ABAQUS/Standard 中有非协调模式单元,其目的是为了克服在线性完全积分单元中的剪切自锁问题。

非协调模式单元有以下:

(1)克服了剪切自锁问题,在单元扭曲比较小的情况下,得到的位移和应力结果很精确。

(2)在弯曲问题中,在厚度方向上只需很少的单元,就可以得到与二次单元相当的结果,而计算成本却明显降低。

(3)使用了增强变形梯度的非协调模式,单元交界处不会重叠或开洞,因此很容易扩展到非线性、有限应变的位移。

但使用这种单元时需注意,如果关心部分的单元扭曲比较大,尤其是出现交错扭曲时,分析精度会降低。

6.Tri 单元和 Tet 单元

对于使用了自由网格的二维模型,在"Element Type"对话框中选择"Tri"(三角形),可以设置 Tri 单元的类型,例如 CPS3(3 节点线性平面应力三角形单元),CPS6M(修正的 6 节点二次平面应力三角形单元)。

对于使用了自由网格的三维模型,在"Element Type"对话框中选择了"Tet"(四面体),可以设置 Tet 单元的类型,包括 C3D4(4 节点线性四面体单元),C3D10M(修正的 10 节点二次四面体单元)。

使用 Tri 单元或 Tet 单元时应注意以下问题:

(1)线性 Tri 单元和 Tet 单元的精度很差,所以不要在模型中所关心的部分及其附近区域使用。

(2)二次 Tri 单元和 Tet 单元精度较高,而且能模拟任意的几何形状,单计算代价比 Quad 单元或 Hex 单元大,因此如果模型中能够使用 Quad 单元或 Hex 单元,尽量不要使用 Tri 单元或 Tet 单元。

(3)二次 Tet 单元适用于 ABAQUS/Standard 中的小位移无接触问题;修正的二次 Tet 单元适用于 ABAQUS/Explicit,以及 ABAQUS/Standard 中的大变形和接触问题。

(4)使用自由网格不易通过布置种子来控制实体内部的单元大小。

7.杂交单元

在 ABAQUS/Standard 中,每一种实体单元(包括所有减缩积分和非协调模式单元)都有其相应的杂交单元,用于不可压缩材料(泊松比为 0.5)或近似不可压缩材料(泊松比大于 0.475)。橡胶就是一种典型的不可压缩材料。除了平面应力问题之外,不能用普通单元来模拟不可压缩材料的响应,因此此时单元中的压应力是不确定的。杂交单元在它的名字中含有字母"H"。ABAQUS/Explicit 中没有杂交单元。

8.混合使用不同类型的单元

当三维实体几何形状较复杂时,无法在整个实体上使用结构化网格或扫掠网格划分技术,得到 Hex 单元网格。这时一种常用的做法是,对于实体不重要的部分使用自由网格划分技术,生成 Tet 单元网格,而对于所关心的部分采用结构网格或扫掠网格,生成 Hex 单元网格。在生成这样的网格时,ABAQUS 会提示生成非协调网格,并在不同单元类型的交界处将自动创建绑定(Tie)约束。

需要注意的是,在不同单元类型网格的交界处,即使单元角部节点是重合的,仍然有可能出现不连续的应力场,而且在交界处的应力可能大幅度地增加。如果在同一实体中混合使用线性和二次单元,也会出现类似的问题。因此在混合使用不同类型的单元时,应确保其交界处远离所关心的区域,并仔细检查分析结果是否正确。

对于无法完全采用 Hex 单元网格的实体,还可以使用以下方法:

(1)对整个实体划分 Tet 单元网格,使用二次单元 C3D10 或修正的二次单元 C3D10M,同样可以达到所需的精度,只是计算时间较长。

(2)改变实体中不重要部位的几何形状,然后对整个实体采用 Hex 单元网格。

二、选择实体单元类型的基本原则

选择实体单元类型应遵循下述原则。

(1)无扭曲轴对称单元(CAX),可模拟 360°的环,用于分析受轴对称载荷作用,具有轴对称几何形状的结构。

（2）可以扭曲的轴对称单元,用来模拟初始时为轴对称的几何形状,且能沿对称轴发生扭曲。这些单元对于模拟圆柱形结构,例如轴对称橡胶套管的扭转很有用。

（3）反对称单元的轴对称单元,用来模拟初始为轴对称几何形状的反对称变形,适合于模拟像承受剪切载荷作用的轴对称橡胶支座一类的问题。

（4）平面应变单元(CPE)可用来模拟厚结构。

（5）平面应力单元(CPS)可用来模拟薄结构。

（6）广义平面应变单元的离心应变可以随着模型平面内的位置线性变化,适合于厚截面的热应力分析。

（7）如果不需要模拟非常大的应变或进行一个复杂的需改变接触条件的问题,应采用二次减缩单元,例如 CAX8R,CPE8R 等。

（8）如果存在应力集中,则应在局部采用二次完全积分单元,例如 CAX8,CPE8,CPS8,C3D20 等。

（9）对含有非常大的网格扭曲模拟（大应变分析）,应采用细网格划分的线性减缩积分单元,例如 CAX4R,CPE4R 等。

（10）对接触问题,应采用线性减缩积分单元或非协调单元的细网格划分,例如 CAX4I,CPE4I 等。

3.2.3 壳单元

壳单元用来模拟那些一个方向的尺寸（厚度）远小于其他方向的尺寸,并且沿厚度方向的应力可以忽略的结构。在 ABAQUS 中,壳单元的名字以"S"开头,"SAX"表示轴对称壳单元,"SAXA"表示带有反对称变形的轴对称壳单元;除了轴对称壳的情况外,壳单元名字中的第一个数字表示在单元中节点的数目,而轴对称单元名字中的第一个数字表示插值的阶数。

在 ABAQUS/Standard 中,一般的三维壳单元有 3 种不同的数学描述：一般性目的壳单元(S4R,S3R,SAX1 等),对于薄壳和厚壳问题的应用均有效,且考虑了有限薄膜应变;仅适合薄壳的壳单元(STRI3,S4R5,SAXA 等)强化了基尔霍夫条件,即垂直于壳中截面的平面保持垂直于中截面;仅适合厚壳的壳单元(S8R,S8RT 等)。

对于给定的应用,判断是属于薄壳还是厚壳问题,一般地,如果单一材料制造的各向同性壳体的厚度和跨度之比在 $1/20 \sim 1/10$ 之间,认为是厚壳问题;如果比值小于 $1/30$,则认为是薄壳问题;若介于 $1/30 \sim 1/20$ 之间,则不能明确划分。由于横向剪切柔度在复合材料层合壳结构中作用显著,故比值（厚跨比）将远小于"薄"壳理论中采用的比值。具有高柔韧中间层的复合材料（"三明治"复合材料）有很低的横向剪切刚度,并且几乎总是被用来模拟"厚"壳。

选择壳单元的类型应遵循以下述原则。

（1）对于薄壁问题,常规壳单元的性能优于连续体壳单元;而对于接触问题,连续体壳单元的计算结果更加精确,因为它能在双面接触中考虑厚度的变化。

（2）如果需要考虑薄膜模式或弯曲模式的沙漏问题,或模型中有面内弯曲,在 ABAQUS/Standard 中使用 S4 单元（4 节点四边形有限薄膜应变线性完全积分壳单元）可以获得较高的精度。S4R 单元性能稳定,使用范围很广。

（3）S3/S3R（3 节点三角形有限薄膜应变线性壳单元）可以作为通用壳单元使用。由于单元中的常近似,需要划分较细的网格来模拟弯曲变形或高应变梯度。

（4）对于复合材料，为模拟剪切变形的影响，应使用适用厚壳的单元，并要注意检查截面是否保持平面，例如 S4R，S8R 等。

（5）四边形或三角形的二次壳单元对剪切自锁或薄膜自锁都不敏感，适用于一般的小应变薄壳。

（6）在接触模拟中，如果必须使用二次单元，不要选择 STRI65 单元（三角形二次壳单元），而使用 S9R5 单元（9 节点四边形壳单元）。

（7）如果模拟规模很大且只表现几何线性，使用 S4R5 单元（线性薄壳单元）比通用壳单元更节约计算成本。

（8）在 ABAQUS/Explicit 中，如果包含任意大转动和小薄膜应变，应选用小薄膜应变单元。

3.2.4　梁单元

梁单元用来模拟一个方向的尺寸（长度）远大于另外两个方向的尺寸，并且仅沿梁轴方向的应力是比较显著的构件。在 ABAQUS 中以字母"B"表示梁单元；下一个字符表示单元的维数："2"表示二维梁，"3"表示三维梁；第三个字符表示采用的插值："1"表示线性插值，"2"表示二次插值和"3"表示三次插值。

ABAQUS 中的所有梁单元都是梁柱类单元，即可以产生轴向变形、弯曲变形、扭转变形。Timoshenko 梁单元还考虑了横向剪切变形的影响。B21 和 B31 单元以及 B22 和 B32 单元是考虑剪切变形的 Timoshenko 梁单元，它们既适用于模拟剪切变形起重要作用的深梁，又适用于模拟剪切变形不太重要的细长梁。这些单元的横截面特性与厚壳单元的横截面特性相同。ABAQUS/Standard 中的三次单元 B23 和 B33 称为 Euler-Bernoulli 梁单元，它们不能模拟剪切变形，但适用于模拟细长的构件。由于三次单元可以模拟沿长度方向的三阶变量，所以只需划分很少的单元就可以得到精确的结果。

梁单元的类型选择应遵循下述原则。

（1）在任何包含接触的问题中，应使用 B21 或 B31 单元。

（2）如果横向剪切变形很重要，则应采用 B22 和 B32 单元。

（3）在 ABAQUS/Standard 的几何非线性模拟中，如果结构非常刚硬或非常柔软，应使用杂交单元。

（4）如果在 ABAQUS/Standard 中模拟具有开口薄壁的结构，应使用基于横截面翘曲理论的梁单元。

3.2.5　桁架单元

桁架单元只能承受拉伸或者压缩载荷的构件，不能承受弯曲。桁架单元可适用于模拟铰接框架结构，也可近似地模拟缆索或者弹簧。在其他单元中，桁架单元有时还用来代表加强构件。在 ABAQUS 中桁架单元以"T"开头；随后的两个字符表示单元的维数，"2D"表示二维桁架，"3D"表示三维桁架；最后一个字符代表在单元中的节点数目。

3.2.6　刚性单元

在 ABAQUS 中，刚性体是节点和单元的几何体，这些节点和单元的运动由称为刚性体参考节点的单一节点所控制。通过在刚性体参考点上施加边界条件可以描述刚性体的运动。刚性体参考点的位置一般并不重要,除非对刚性体施加旋转或者希望得到绕过刚性体的某一轴的反力矩。在以上任何一种情况下,节点必须位于通过刚性体的某一理想轴上。刚性体可以用来模拟非常坚硬的部件,这一部件或者是固定的,也可以进行任意大的刚体运动。它还可以用于模拟在变形部件之间的约束,并且提供了指定某些接触相互作用的简便方法。

在 ABAQUS 中,刚性体的功能适用于大多单元,它们均可成为刚性体的一部分,而不仅仅局限于刚性单元,只要将单元赋予刚体,壳单元或者刚性单元可以用来模拟相同的问题。所有的刚性单元的名字是以字母"R"开头的;下一个字符表示单元的维数;"AX"表示单元是轴对称的;最后的字符代表在单元中的节点数目。三维四边形(R3D4)和三角形(R3D3)刚性单元用来模拟三维刚性体的二维表面。在 ABAQUS/Standard 中,两节点刚性梁单元(RB3D2),主要用于模拟拽力和浮力作用的海上结构中的部件。

3.2.7 连接单元

连接单元用来模拟模型上的两个点之间(或一个点和地面之间)的运动和力学关系,所连接的点称为"连接点"(connector point),两个连接点分别称为"节点 a"和"节点 b"。连接点可以是模型中的参考点、网格实体的节点、几何实体的顶点或地面。在作为连接点的节点或参考点上可以施加耦合约束、刚体约束、多点约束等各种约束,以及边界条件和载荷。其中连接单元的类型中,CONN3D2 用于三维问题,CONN2D2 用于二维问题和轴对称问题。连接单元主要应用于 Interaction 模块中,适用于模拟铆钉和多体分析问题等。

3.2.8 质量和转动惯量单元

质量(Mass)单元和转动惯量(Rotaryi)单元用于在离散点处定义质量和转动惯量,在 ABAQUS/Explicit 分析中占有尤为重要的位置。质量单元的质量截面特性定义了该单元的质量大小,转动惯量单元

3.2.9 弹簧和减震器单元

弹簧(Springa)和减震器(Dasgpota)单元用于在不需要详细模拟整体的情况下建立两节点间的有效刚度或阻尼。在变形过程中两节点间的作用线保持不变。弹簧单元的截面特性定义了弹簧的线性或非线性刚度。减震器单元的截面特性定义了减震器的线性或非线性阻尼。

3.3 ABAQUS 结构接触分析

在真实的物理结构中,结构的刚度会随变形而发生改变,即所谓的"非线性分析"。ABAQUS 称为"国际上最先进的大型通用非线性有限元分析软件",它拥有世界最大的非线性力学用户群,并且非线性分析正是 ABAQUS 最具优势的领域。

接触分析就是一种典型的非线性问题,它涉及较复杂的概念和综合技巧。本节主要介绍如何使用 ABAQUS/Standard 分析接触问题。

3.3.1　非线性问题分类

非线性问题可以分成以下几种类型：

(1)边界条件的非线性,即边界条件在分析过程中发生变化。接触问题就是一种典型的边界条件非线性问题。它的特点是边界条件不能在计算的开始就可以全部给出,而是在计算过程中确定的,接触物体之间的接触面积和压力分布随外载荷变化。此外,还可能需要考虑接触面间的摩擦行为和接触传热。本节将重点讨论接触问题的分析模拟。

(2)材料的非线性,即材料的应力-应变关系为非线性。许多分析中会使用 ABAQUS 进行弹塑性分析、黏弹性分析、超弹性分析等。

(3)几何的非线性,即位移的大小对结构的响应发生影响,包括大转动、大位移、几何刚性化等问题。

ABAQUS/Standard 是使用 Newton - Raphson 算法来求解非线性问题的,它把分析过程划分为一系列的载荷增量步,在每个增量步内进行多次的迭代。在得到合理的解后,再求解下个增量步,所有增最响应的总和就是非线性分析的近似解。

ABAQUS/Explicit 在求解非线性问题时不需要进行迭代,而是显式地从上一个增量步的静力学状态来推出动力学平衡方程的解。

3.3.2　接触分析介绍

接触问题是种高度非线性行为,需要较多的计算资源,为了进行有效的计算,理解问题的特性和建立合理的模型是很重要的。

接触问题存在以下两个较大的难点：

(1)在求解问题之前,不知道接触区域,表面之间是接触或分开是未知的、突然变化的,这随载荷、材料、边界条件和其他因素而定。

(2)大多的接触问题需要计算摩擦,有几种摩擦类型和模型。它们都是非线性的,摩擦使问题的收敛性变得困难。

接触问题分为两种基本类型："刚体-柔体的接触"和"柔体-柔体的接触"。在刚体-柔体的接触问题中,接触面的一个或多个被当作刚体(与它接触的变形体相比,有大得多的刚度)。

一般情况下,一种软材料和一种硬材料接触时,问题可以被假定为刚体-柔体的接触,许多金属成型问题归为此类接触;另一类,柔体-柔体的接触,是一种更普遍的类型,在这种情况下,两个接触体都是变形体(有近似的刚度)。

3.3.3　接触分析中的主要问题

ABAQUS/CAE 中的接触分析主要包括下述建模步骤。

(1)在 Interaction 功能模块、Assembly 功能模块或 Load 功能模块中定义各个接触面。

(2)在 Interaction 功能模块中定义接触属性(包括法向接触属性和切向的摩擦属性)。

(3)在 Interaction 功能模块中定义接触(包括主面、从面、滑动公式、从面位置调整、接触属性、接触面距离和接触控制等)。

(4)在 Load 功能模块中定义边界条件,保证消除模型的刚体位移。

现在详细讨论 ABAQUS 接触分析中的主要问题,以及解决收敛问题的常用方法。

一、ABAQUS/Standard 和 ABAQUS/Explicit 的接触分析

在 ABAQUS/Standard 中可以通过定义接触面(Surface)或接触单元(Contact Element)来模拟接触问题。接触面分为以下 3 类。

(1)由单元构成的柔体接触面或刚体接触面。

(2)由节点构成的接触面。

(3)解析刚体接触面。

一对相互接触的面称为"接触对"(contact pair),一个接触对中最多只能有一个由节点构成的接触面。如果只有一个接触面,则称为"自接触"(Self-contact)。

ABAQUS/Explicit 提供两种算法来模拟接触问题。

(1)通用接触算法。这种算法可以很简单地定义接触,对接触面的类型限制很少。采用通用接触算法时,常用的方法是让 ABAQUS/Explicit 自动生成包含所有实体的面,在这个面上定义自接触。如果希望细化接触区域,可以选定特定的接触面。

(2)接触对算法。这种算法定义接触的过程较复杂,对接触面的类型有较多限制,但可以解决通用接触算法所不适用的某些问题。使用接触对算法时,需要指定相互接触的面。在下面的讨论中,如果没有特别说明,都指的是 ABAQUS/Standard 中的接触分析。

二、定义接触对

ABAQUS/Standard 的接触对由主面(Master Surface)和从面(Slave Surface)构成。在模拟过程中,接触方向总是主面的法线方向,从面上的节点不会穿越主面,但主面上的节点可以穿越从面。定义主面和从面时要注意以下问题。

(1)应选择刚度较大的面作为主面。这里所说的"刚度"不但要考虑材料特性,还要考虑结构的刚度。解析面(Analytical Surface)或由刚性单元构成的面必须作为主面,从面则必须是柔体上的面(可以是施加了刚体约束的柔体)。

(2)如果两个接触面的刚度相似,则应选择网格较粗的面作为主面。

(3)两个面的节点位置不要求是一一对应的,但如果能够令其一一对应,可以得到更精确的结果。

(4)主面不能是由节点构成的面,并且必须是连续的。如果是有限滑移(Finite Sliding),主面在发生接触的部位必须是光滑的(即不能有尖角)。

(5)如果接触面在发生接触的部位有很大的凹角或尖角,应该将其分别定义为两个面。

(6)如果是有限滑移,则在整个分析过程中,都尽量不要让从面节点落到主面之外(尤其是不要落到主面的背面),否则容易出现收敛问题。

(7)一对接触面的法线方向应该相反,换言之,如果主面和从面在几何位置上没有发生重叠,则一个面的法线应指向另一个面所在的那一侧(对于三维实体,法线应该指向实体的外侧)。如果法线方向错误,ABAQUS 往往会将其理解为具有很大过盈量的过盈接触,因而无法达到收敛。

一般来说,对于柔性的三维实体,ABAQUS 会自动选择正确的法线方向,而在使用梁单元、壳单元、膜单元、晰架单元或刚体单元来定义接触面时,用户往往需要自己指定法线方向,就容易出现错误。

三、有限滑移和小滑移

在 ABAQUS/Standard 分析中定义接触时,有两种判断接触状态的跟踪方法可供选择。

(1)有限滑动。如果两个接触面之间的相对滑动或转动量较大(例如,大于接触面上的单元尺寸),就应该选择有限滑动,它允许接触面之间出现任意大小的相对滑动和转动。在分析过程中,ABAQUS 将会不断地判断各个从面节点与主面的哪一部分发生了接触,因此计算成本较高。

在使用有限滑动、点对面离散时,应尽量保证主面是光滑的,否则主面的法线方向会出现不连续的变化,容易出现收敛问题。在主面的拐角处应使用过渡圆弧,并在圆弧上划分足够数量的单元。

在使用点对面离散时,如果主面是变形体或离散刚体的表面,ABAQUS/Standard 会自动对不光滑的主面做平滑(Smoothing)处理,默认的平滑系数为 0.2。面对面离散则没有这种平滑功能,因此,如果工程实际要求主面必须有尖角,使用点对面离散可能会比面对面离散更容易收敛。

(2)小滑动。如果两个接触面之间的相对滑动或转动量很小(例如,小于接触面上单元尺寸的 20%),就可以选择小滑动。在分析开始时刻,ABAQUS 就确定了各个从面节点与主面是否接触、与主面的哪个区域接触,并在整个分析过程中保持这些关系不变,因此计算成本较低。

四、设定接触面之间的距离或过盈量

设定接触面之间的距离或过盈量有以下 3 种方法。

(1)根据模型的几何尺寸位置和 ADJUST 参数进入"Interaction"模块,点击主菜单"Interaction"→"Create",在"Edit Interaction"对话框中选中"Specify tolerance for adjustment zone",在其后输入位置误差限度值。

(2)使用关键词 * CONTACT INTERFERENCE 进入"Interaction"模块,点击主菜单"Interaction"→"Create",点击"Edit Interaction"对话框底部的"Interference fit"。

提示:这种方法类似于施加载荷,不能在 initial 分析步中定义,而只能在后续分析步中定义,并且可以在分析步中改变大小、被激活或被去除。用户需要自己定义一条幅值曲线,使之在整个分析步中从 0 逐渐增大到 1。位置误差限度必须略大于两接触面间的缝隙。

(3)使用关键词 * CLEARENCE,它只适用于小滑移,并且不需要 ADJUST 参数来调整从面节点的位置。ABAQUS/CAE 不支持此关键词,只能手工修改 INP 文件。

提示:如果过盈接触是通过节点坐标或 * CLEARENCE 来定义的,在分析的一开始,全部过盈量就会被施加在模型上,而且无法在分析过程中改变过盈量的大小。

五、接触属性

接触属性(Contact Property)包括两部分:接触面之间的法向作用和切向作用。对于法向作用,ABAQUS 中接触压力和间隙的默认关系是"硬接触"(Hard Contact)。对于硬接触而言,接触面之间能够传递的接触压力大小不受限制;当接触压力变为零或负值时,两个接触分离,并且去掉相应节点上的接触约束。

对于切向作用,ABAQUS 中常用的摩擦模型为库仑摩擦,即使用摩擦因数来表示接触之间的摩擦特性。默认的摩擦因数为零,即无摩擦。库仑摩擦的计算公式为

$$\tau = \mu p$$

式中,τ 是临界切向力,μ 是摩擦因数,p 是法向接触压强(Cpress)。在切向力达到临界切应力之前,摩擦面之间不会发生相对滑动。

另外,ABAQUS 还提供多种"软摩擦"(Softened Contact),包括指数模型、表格模型、线性模型等。

六、解决接触分析中的收敛问题

分析无法达到收敛,可能是因为模型中有问题,例如存在过约束、刚体位移、接触定义不当等,这时应查看 MSG 文件是否有本书所介绍的警告信息,然后采取相应措施。

在接触分析中出现收敛问题时,应考虑以下解决方法。

1. 检查接触关系、边界条件和约束

(1)首先应检查所定义的接触面\接触参数和边界条件是否正确,具体方法是:打开模型数据库(.cae)文件,在"Interaction"功能模块中单击主菜单"相互作用"→"管理器",在相互作用对话框中依次选中已定义的接触,再单击"编辑"按钮,查看接触面的位置是否设置正确。

(2)同样地,可以在载荷功能模块中查看载荷和边界条件的设置。

(3)可以在"可视化功能"模块中,选择主菜单的"视图"→"OBD 显示选项",在弹出的"ODB 显示选项"对话框中,单击"实体显示选项",选中"显示边界条件"和"显示连接"选框,从而显示出模型的边界条件和约束,查看其作用区域是否正确。

2. 消除刚体位移

在静力分析中,必须对模型中所有实体都定义足够的约束条件,以保证它们在各个平移和转动自由度上都不会出现不确定的刚体位移。

在动态分析中,不要求约束刚体位移然而"静态分析需要约束刚体位移",意思是不能因为缺少约束而出现不确定的或无限大的刚体位移,而不是不可以让实体发生大的位移或转动。

3. 使用绑定约束

如果某一对接触面的接触状态对整个模型的影响不大,或者这对接触面在整个分析过程中都是始终紧密接触的,可以考虑将它们之间的接触关系改为绑定约束,从而大大减少计算接触状态所需要的迭代。

4. 建立平稳的接触关系

如果在第一个分析步中就把全部载荷施加到模型上,通常会使接触状态发生剧烈改变,会造成收敛的困难。因此一般应首先定义一个只有很小载荷的分析步,让接触关系平稳地建立起来,然后在下个分析步中再施加真实的载荷。尽管这样可能需要更多的分析步,但这减小了收敛的困难,而会提高求解的效率。

5. 细化网格

细化从面和主面的网格是解决收敛问题的一个重要方法。过于粗糙的网格会使 ABAQUS 难以确定接触状态,例如,如果在接触面的宽度方向上只有一个单元,则常常会出现收敛问题。一般来说,如果从面上有 90°的圆角,建议在此圆角处至少划分 10 个单元。

6. 使用一阶单元

如果接触属性为默认的"硬"接触,则不能使用六面体二次单元(C3D20 和 C3D20R),以及四面体二次单元(C3D10),而应尽可能使用六面体一阶单元。如果无法划分六面体单元网格,可以使用修正的四面体二次单元(C3D10M)。

关于接触分析中的单元选择,请参阅 ABAQUS 帮助文件 ABAQUS Analysis User's Man-ual"第 21.2.1 节"Defining contact pairs in ABAQUS/Standard"。

7. 正确地定义主面和从面

对主面和从面的定义应满足以下要求。

(1)选择刚度较大、网格较粗的面作为主面。

(2)主面在发生接触的部位不要有尖角或大的凹角。

(3)如果是有限滑移,则在整个分析过程中,都尽量不要让从面节点落到主面之外。

(4)如果主面和从面在几何位置上没有发生重叠,则一个面的法线应指向另一个面所在的那一侧(对于三维实体,法线应该指向外侧)。

8. 避免过约束

如果在节点的某个自由度上同时定义了两个以上的约束条件,就会发生所谓"过约束"(Over Constraint)。

可能造成过约束的有以下主要因素。

(1)接触:从面节点会受到沿主面法线方向的约束。

(2)边界条件。

(3)连接(Connector)单元。

(4)子模型边界(* SUBMODEL)。

(5)各种约束,例如藕合约束(* COUPLING)、刚体约束(* RIGID BODY)、绑定约束(* TIE)、旋转周期对称约束(* TIE , CYCLIC SYMMETRY)、多点约束(* MPC)、线性方程约束(* EQUATION)等。

例如,如果在节点上同时定义了绑定约束和边界条件,或者既约束了沿切向的位移,又定义了使用 Lagrange 摩擦或粗糙摩擦的接触关系,都会造成过约束。

在对 INP 文件进行预处理时,ABAQUS 会检查模型中是否存在过约束,如果有过约束,会在 DAT 文件中显示以下警告信息:

* * * WARNING：OVERCONSTRAINT CHECKS.

在接下来的分析过程中会出现以下两种可能:

(1)对于一些常见的过约束,ABAQUS 会自动去除不需要的约束条件,在 MSG 文件中不会看到 ZERO PIVOT(零主元)和 OVERCONSTRAINT CHECKS 警告信息,可以得到正确的分析结果。

(2)对于某些过约束,ABAQUS 无法自动找出好的解决方法,就会在 MSG 文件中显示以下警告信息:

* * * WARNING：SOLVER PROBLEM. ZERO PIVOT.

这时分析往往会反复迭代而达不到收敛,即使达到了收敛,其分析结果往往也是错误的。对于这种问题,需要在建模时就避免出现过约束。

3.3.4　实例分析

从下述实例中,读者可以学习如何定义接触关系以及接触属性,从而进行分析运算。问题描述如下：

如图 3-1 所示，两个平板 A，B 通过两个 φ8 的螺栓搭接，螺栓与平板圆孔左边缘相接触。接触面润滑良好，无摩擦。平板长 100 mm，宽 60 mm，厚 2 mm 的薄板，共两块，用 2 根螺栓连接在一起，螺栓半径 3.6 mm，螺栓孔圆心相距 30 mm。模型左端和下端采用完全固支的约束，平板右侧施加 1 MPa 的拉伸载荷，定义螺栓两端的边界条件 U3，UR1，UR2 为 0，进行分析时给出 X 方向的位移为 1 mm。

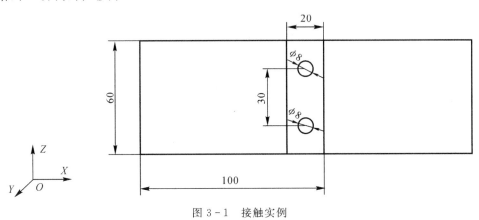

图 3-1 接触实例

1. Part 模块：

点击左侧工具区中的 ⬛（Create Part）按钮，"Shape"选择"Solid"，"Type"选择"Extrusion"，其余保持默认。进入草图界面后点击 ⬜ 按钮，绘制平板，点击 done，选择拉伸厚度为 2 mm，生成实体。然后点击 ⬛（Extrude）按钮，在该平板上截出半径为 4 mm 的螺栓孔，点击"Done"，平板建模完成（另一块平板建模过程同上）。如图 3-2 所示。

点击左侧工具区中的 ⬛（Create Part）按钮，"Shape"选择"Solid"，"Type"选择"Extrusion"，其余保持默认，进入草图界面后点击 ⬤ 按钮，绘制半径为 3.6 mm 的圆，点击"Done"，选择拉伸厚度为 5 mm，生成螺栓，如图 3-3 所示。

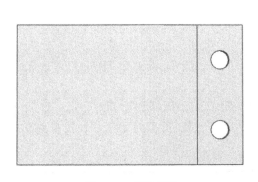

图 3-2 平板模型

图 3-3 螺栓模型

2. Property 模块

点击 按钮,创建 $E=72\,000$ MPa,$\mu=0.33$ 的弹性材料 Al。点击 按钮,"Category"选择"Solid","Type"选择"Homogeneous",点击"Continue","Material"选择之前创建的材料 Al,点击 OK。点击 按钮,将刚才创立的截面属性赋予建好的平板结构(两块平板赋属性的方式相同)。

点击 按钮,创建 $E=2\,100\,000$ MPa,$\mu=0.3$ 的弹性材料 Steel。点击 按钮,"Category"选择"Solid","Type"选择"Homogeneous",点击"Continue","Material"选择之前创建的材料"Steel",点击"OK"。点击 按钮,将刚才创立的截面属性赋予建好的螺栓结构(两个螺栓赋属性的方式相同)。材料属性见表 3-1。

表 3-1　材料属性

部　件	弹性模量/MPa	泊松比
平板	72 000	0.3
螺栓	2 100 000	0.33

3. Assembly 模块

点击 按钮,连续导入创建好的实体结构,按照问题描述中的装配关系将部件组合完毕,完成后如图 3-4 所示。

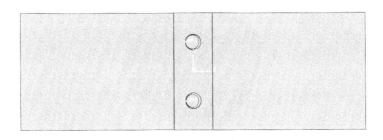

图 3-4　装配示意图

装配时的注意事项:

ABAQUS 会直接根据模型的尺寸位置来确定二者之间的接触状态。为了明确两者之间的接触关系,螺栓装配时需将螺栓沿 X 方向平移 0.4 mm,使得螺栓与圆孔相接触。

4. Step 模块

点击 按钮,"Procedure type"选择"General"中的"Static,General",点击"Continue",再点击"OK",完成分析步的设定。

(1)初始分析步:Initial。

(2)Step-1:施加较小的力和螺栓的位移。

(3)Step-2:施加加大的力和螺栓的位移。

注:一般应首先定义一个只有很小载荷的分析步,让接触关系平稳地建立起来,然后在下

一个分析步中再施加真实的载荷。这样这可大大减小收敛的困难程度。

5.划分网格

点击 按钮,设置平板无孔处局部网格密度为 5 mm(可适当加粗网格以提高运算速度),单元类型选择六边形 C3D8R 单元。平板有孔处局部网格密度为 1 mm。单元类型选择楔形 C3D6 单元。点击 按钮,完成网格的划分,如图 3-5 所示。

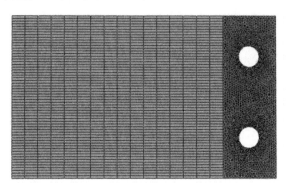

图 3-5　平板有限元网格图

再对螺栓进行网格划分,网格密度为 0.5 mm。单元类型选择楔形 C3D6 单元,点击 按钮,完成网格的划分,如图 3-6 所示。

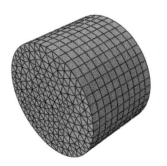

图 3-6　螺栓有限元网格图

整个结构的有限元模型如图 3-7 所示。

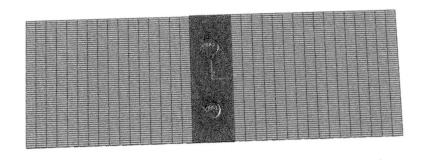

图 3-7　整体有限元网格图

接触问题划分网格需注意：

（1）若螺栓简化为解析刚体，则不需要对其进行网格划分和单元类型设置。

（2）对平板进行网格的划分时，在"Assign Element Type"中将"Geometric Order"设为
"Linear"，并且选中"Incompatible modes"（非协调模式），这是因为：在 ABAQUS/Standard 下
可以克服线性完全积分单元中的剪切自锁问题，即在单元扭曲比较小的情况下得到的位移和
应力结果很精确，同时单元无交界处不会重叠或开洞，因此很容易扩展到非线性、有限应变的
位移。

6.定义接触

螺栓孔的接触定义。

定义接触属性：点击 <img> 按钮，保持默认值，点击"OK"按钮。

定义接触对：点击 <img> 按钮，点击"Continue"，选择螺栓外侧作为主面（Master Surface），选
择平板圆孔的表面作为从面（Slave Surface），保持默认的参数设置，完成操作，如图 3 - 8
所示。

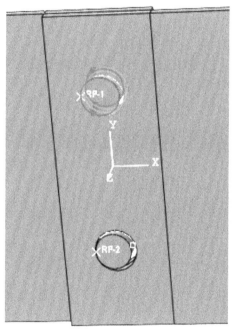

图 3 - 8　定义接触示意图

7.施加载荷以及边界条件

对于边界：

（1）点击 <img> 按钮，模型左端和下端采用完全固支的约束，如图 3 - 9 所示。

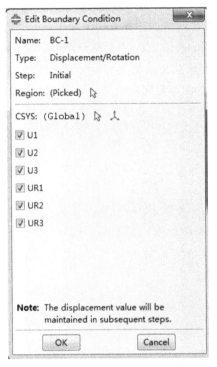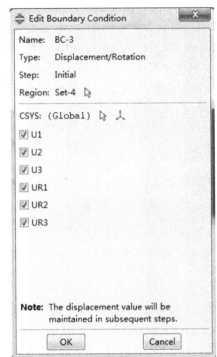

图 3 - 9　模型左端和下端约束示意图

(2)点击■■按钮,定义螺栓两端的边界条件,如图 3-10～图 3-12 所示。

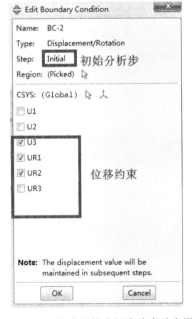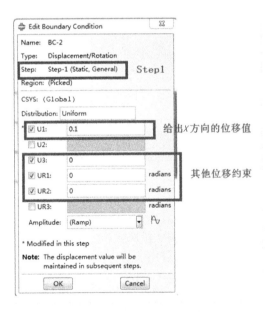

图 3-10　螺栓初始分析步约束示意图　　图 3-11　螺栓第一次分析步约束示意图

点击■■按钮,在平板右侧施加载荷,值的大小如图 3-13 所示。

图 3-12　螺栓第二次分析步约束示意图

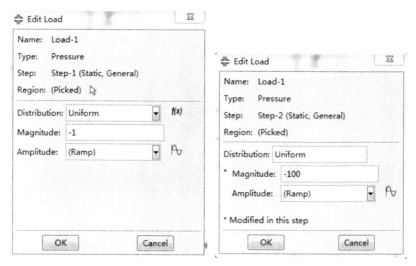

图 3-13　载荷大小示意图

总体载荷以及边界条件示意图如图 3-14 所示。

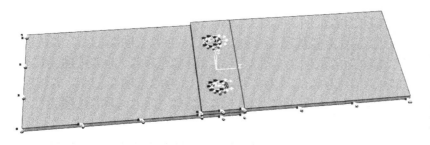

图 3-14　总体载荷以及边界条件示意图

8.分析结果

在 Job 模块里提交作业,计算完成后,点击"result",在 Visualization 模块里可以看到计算结果。分析结果如图 3-15~图 3-19 所示。

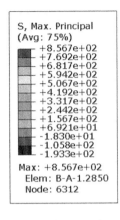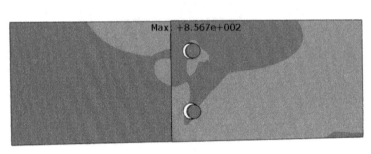

图 3-15　整体模型有限元结果

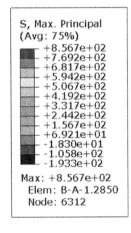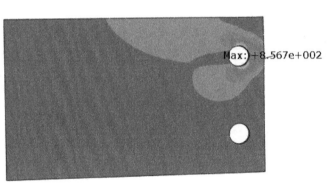

图 3-16　平板 A 的应力结果

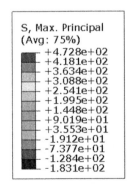

图 3-17　平板 B 的应力结果

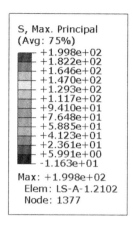
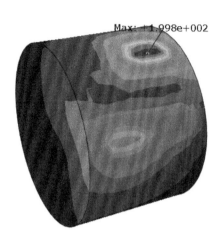

图 3 - 18　螺栓 A 的应力结果

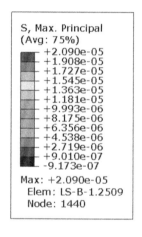
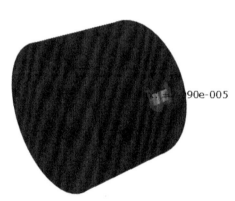

图 3 - 19　螺栓 B 的应力结果

各个部件的变形结果图如图 3 - 20~图 3 - 24 所示。

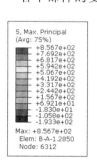
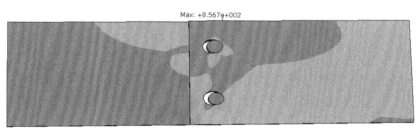

图 3 - 20　整体模型变形结果图

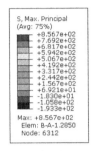
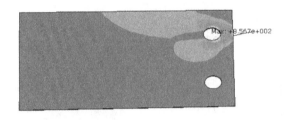

图 3 - 21　平板 A 的变形结果图

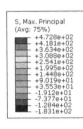

图 3 - 22　平板 B 的变形结果图

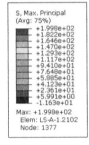
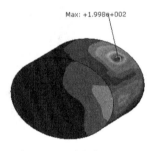

图 3 - 23　螺栓 A 的变形结果图

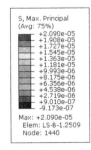

图 3 - 24　螺栓 B 的变形结果图

3.3.5　小结

1. 接触分析中的主要问题

(1)非线性问题可以分为 3 种类型:边界条件非线性、材料非线性和几何非线性。接触分析是一种典型的边界条件非线性问题。

(2)在 ABAQUS/CAE 中,接触分析的建模主要包括以下步骤。

1)定义接触面。

2)定义接触属性和接触。

3)定义边界条件,保证消除模型的刚体位移。

(3)对主面和从面的定义应满足以下要求:

1)选择刚度较大、网格较粗的面作为主面。

2)主面在发生接触的部位不要有尖角或大的凹角。

3)如果是有限滑移,不要让从面节点落到主面之外。

4)法线方向要正确。

(4)在 ABAQUS/Standard 中有两种接触公式:有限滑移和小滑移。

(5)定义两个接触面的距离或过盈量主要有 3 种方法。

1)直接根据模型的尺寸位置和 ADJUST 参数来判断。

2)使用关键词 * CONTACT INTERFERENCE}。

3)使用关键词 * CLEARANCE。

(6)使用 * CONTACT INTERFERENCE 来定义过盈接触时,要注意 3 个要点:

1)关键词 * CONTACT PAIR 中的参数 ADJUST ＝＜位置误差限度＞要略大于接触面之间缝隙的宽度。

2)使用自定义的幅值曲线,使过盈接触的幅值在整个分析步中从 0～1 逐渐增大。

3)要把过盈量设为负值。

(7)接触属性包括两部分接触面之间的法向作用和切向作用。对于法向作用,ABAQUS 中的默认关系是"硬接触";对于切向作用,ABAQUS 中常用的摩擦模型为库仑摩擦。

(8)在 MSG 文件中可以查看分析迭代的详细过程。

2. 解决接触分析中的收敛问题

在接触分析中出现收敛问题时,可以考虑以下解决方法。

(1)检查所定义的接触面、接触参数和边界条件是否正确。

(2)在静力分析中,必须定义足够的约束条件,以保证它们在各个平移和转动自由度上都不会出现不确定的刚体位移。

(3)避免过约束。

(4)合理地定义接触面、接触参数和过盈配合。

(5)使用足够细化的网格。

(6)不要在接触面上使用 C3D20,C3D20R 和 C3D10 等单元。

(7)在接触对上设置微小的过盈量,以保证在分析的一开始就已经建立起接触关系。

(8)施加临时边界条件,以保证在接触关系建立之前,模型不会出现刚体位移。

(9)将分析过程分解为多个分析步来完成,让各个载荷分别在不同的分析步中逐步施加到模型上,避免使接触状态发生剧烈改变。

3.4 ABAQUS 冲击破坏问题

3.4.1 冲击破坏问题概述

物体在冲击载荷下的力学响应往往与静载下的有显著不同,其结构可能发生大变形、大转动,材料可能进入塑性状态。这是一个涉及几何非线性、材料非线性和边界非线性的复杂问题。冲击动力学是固体力学中的重要研究方向。目前,分析冲击动力学响应问题大体有以下3种方法。

(1)试验方法。通过大量的试验,对大量试验数据进行综合分析,并结合动力学基本理论对工程上的问题加以研究。这种方法简便实用,可解决简单的工程问题,但局限性很大。

(2)解析方法。通过简化假设建立力学模型,进行理论分析,得到解析解。求解难度大,不适合复杂结构的研究。

(3)数值模拟方法。利用非线性有限元方法,结合动力学理论及破坏准则,使用先进有限元软件建立数值模型进行模拟仿真分析。该方法适用广泛,结果可靠且发展迅速,是目前最主要的研究方法。

ABAQUS 有限元分析软件集成了经典有限元、扩展有限元等先进数值计算方法,具有强大的建模功能和仿真计算能力,能够精确模拟各种冲击破坏过程,并可给出可靠的计算结果,如图 3-25 所示子弹侵彻靶板的冲击动力学仿真分析。

图 3-25 子弹侵彻靶板的冲击动力学分析

ABAQUS 提供了多种破坏准则来预测材料的累积损伤与失效。针对弹塑性金属材料,ABAQUS/Explicit 拥有建立塑性金属材料累积损伤与失效模型的功能。模型中提供多个损伤萌生的参数标准,其中包括塑性准则、剪切准则(Shear Damage)、成形极限图(FLD)、成形极限压力图(FLSD)、MSFLD 和 M-K 等标准。本节实例采用了剪切准则。

剪切准则是用来预测由局部剪切带引起的损伤破坏开始产生的现象学模型。此模型假设损伤开始时的等效塑性应变$\bar{\varepsilon}_D^{pl}$是剪应力比和应变率的函数,即

$$\bar{\varepsilon}_s^{pl}\,(\theta_s,\bar{\varepsilon}^{pl})$$

式中,$\theta_s=(q+k_s p)/\tau_{\max}$ 为剪应力比,$\tau_{\max}$ 为最大剪应力,k_s 是材料参数。铝的 k_s 典型值为 0.3。当式(3-1)满足时就达到了损伤破坏开始的剪切准则,即

$$w_s=\int \frac{\mathrm{d}\,\bar{\varepsilon}^{pl}}{\bar{\varepsilon}_s^{pl}\,(\theta_s,\bar{\varepsilon}^{pl})}=1 \tag{3-1}$$

式中,w_s 是随着塑性变形单调递增的状态变量,而塑性变形与等效塑性应变的增量成正比。计算过程中每次递增,w_s 的增量计算公式为

$$\Delta w_s=\frac{\Delta\,\bar{\varepsilon}^{pl}}{\bar{\varepsilon}_s^{pl}\,(\theta_s,\bar{\varepsilon}^{pl})}\geqslant 0 \tag{3-2}$$

剪切准则可以与 Mises,Johnson-Cook,Hill 和 Drucker-Prager 塑性模型一起使用,包括状态方程。

3.4.2　飞机机翼结构的鸟撞问题

鸟撞是指飞机从起飞到降落的整个飞行过程中与鸟类发生碰撞造成的事故,是飞机飞行过程中遇到的重要危害之一。分析鸟撞过程中飞机结构的应力/应变状态,为飞机的耐撞性设计提供可靠依据成为飞机设计过程中的重要部分。

由于鸟撞过程复杂,以往对于鸟撞击问题的研究主要集中于经验和试验的方法。近年来,随着有限元技术的不断发展,运用先进软件对鸟撞击过程进行仿真分析成为飞机设计中的一个重要发展方向。利用 ABAQUS 软件中显式动力学分析可完成一般鸟撞过程的模拟工作。

1.问题描述

如图 3-26 所示,一圆柱形模拟鸟体以一定的初速度撞向某型飞机机翼前缘,利用 ABAQUS 软件分析弹塑性鸟体撞击机翼前缘的过程。分析撞击过程中结构的变形及应力/应变分布情况等。

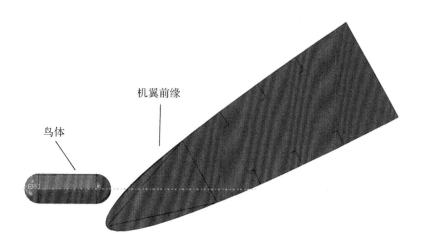

图 3-26　鸟撞问题示意图

2.模型建立

飞机结构选取了翼根附近前缘部分,包括主翼梁、蒙皮、翼肋及部分长桁等。飞机材料均

采用铝合金材料(弹性体)。机翼结构一般是薄壁结构,为简化计算,在结构模型中省略了一些细微的连接件,如铆钉等,如图 3-27 所示。

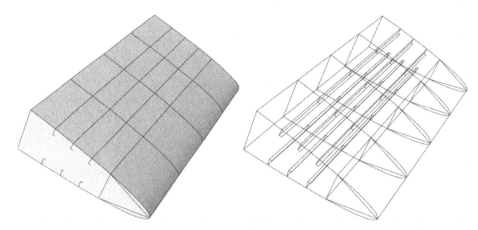

图 3-27 机翼结构示意图

鸟体模型为两端半球体、中间圆柱体的实体来模拟,如图 3-28 所示。

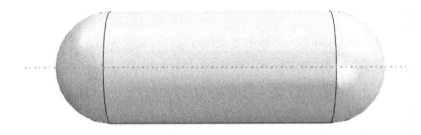

图 3-28 鸟体模型

3.材料属性设置

在 Part 模块完成上述模型的建立后,进入 Property 模块。选择"Material"→"Create",分别创建鸟体及机翼结构的材料属性。在弹出的对话框中选择"Mechanical"→"Damage for Ductile Metals"→"Shear Damage",输入失效应变,单击"OK"完成失效模型的设置,如图 3-29所示。

具体材料属性见表 3-2。

表 3-2 材料属性

参　　数	弹性模量/MPa	泊松比	密度/(t·mm⁻³)	屈服应力/MPa	失效应变
鸟体	6 890	0.49	9.38	6.8	1.25
机翼	72 000	0.3	2×10^{-9}	345	0.17

选择"Section"→"Create",分别创建鸟体及机翼结构截面属性,如图 3-30 所示。

将所建截面分别赋予鸟体模型及机翼结构模型。然后进入 Assembly 模块,按图 3-31

所示组装部件。

进入 Step 模块,创建显式动力学分析步 Step - 1,如图 3 - 32 所示。

进入 Interaction 模块,创建一个空的接触属性,如图 3 - 33 所示。

新建一个接触,选用刚刚建立的接触属性,如图 3 - 34 所示。

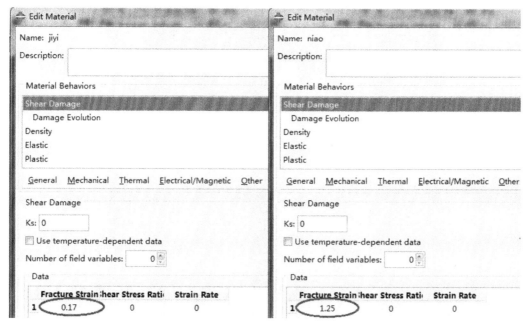

图 3 - 29　材料属性设置

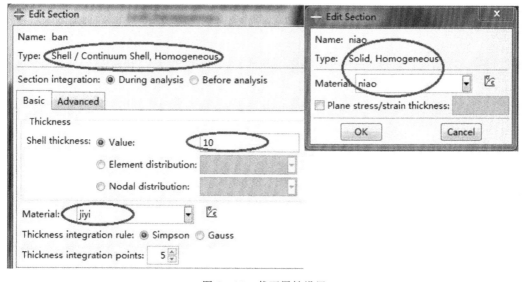

图 3 - 30　截面属性设置

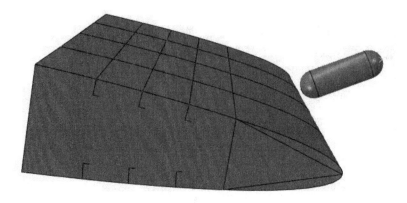

图 3 - 31　部件组装

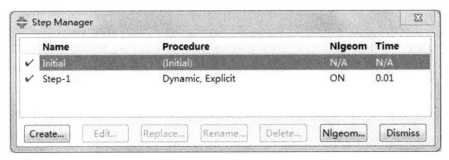

图 3 - 32　显示动力学分析步

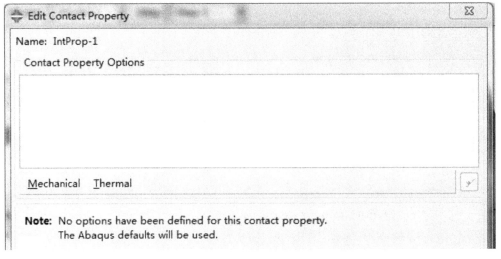

图 3 - 33　接触属性设置

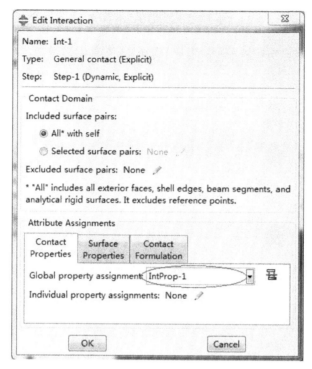

图 3 - 34　新建接触

4.边界条件处理

进入 Load 模块,选择"BC"→"Create",在弹出的对话框中选择"Mechanical"→"Symmetry/Antisymmetry/Encaste",点击"Continue"按钮。选择如图 3 - 35 所示的主梁腹板、机翼部分两侧固定面,点击"Done",弹出对话框,按图示设置,点击"OK"完成机翼结构的边界条件设置。

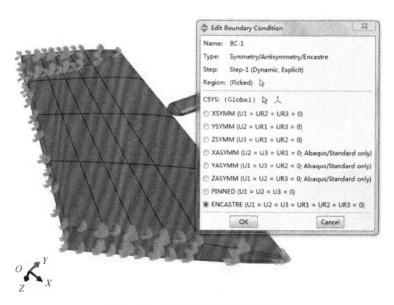

图 3 - 35　机翼结构边界条件设置

选择"Predefined Field"→"Create",在弹出的对话框中选择初始分析步,"Mechanical"→"Velocity",单击"Continue"按钮,如图3-36所示。选择鸟体模型,点击"Done"按钮,在弹出的对话框中输入鸟体的初始速度。点击"OK"按钮,完成鸟体初速度的设置,如图3-37所示。

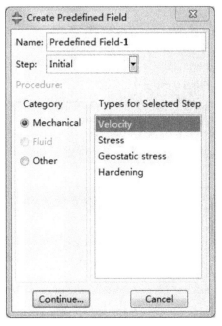

图3-36　鸟体初始速度场设置

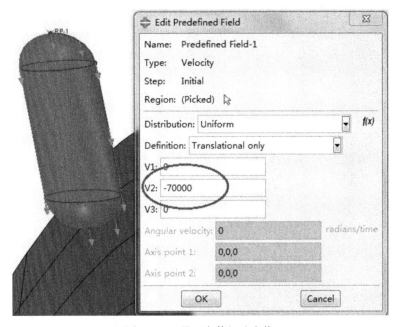

图3-37　设置鸟体初速度值

5. 求解及后处理

进入 Mesh 模块,机翼结构选择 S4R 单元,鸟体模型选择 C3D4 单元,网格划分如图 3 - 38 所示。

图 3 - 38　网格划分

进入 Job 模块,建立 Job - 1 作业并提交计算,可得计算结果,如图 3 - 39 所示。

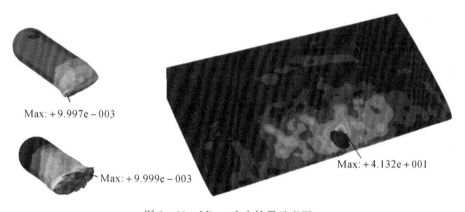

Max: +9.997e - 003

Max: +9.999e - 003

Max: +4.132e + 001

图 3 - 39　Mises 应力结果示意图

3.5　ABAQUS 稳定性与屈曲问题

3.5.1　稳定性与屈曲分析概述

稳定是关于结构平衡状态性质的定义。为了方便理解,现在以图 3 - 40 所示的例子来予以说明。小球分别放在 3 个不同的位置,分别称为情形 1、情形 2 和情形 3。此时都达到了平衡状态,即有 $W = R$,重力等于支持力,但是分别对其施加一个小的扰动之后再除去扰动,结果会大不相同。第一种情形,表面向上凹,扰动除去后,小球又回到初始位置,实现和之前一样的平衡状态,是稳定的;第二种情形,表面是水平的,施加扰动后小球会失去原有的平衡状态,将保持在新的平衡状态,是临界稳定的;第三种情形,表面向下凹,施加扰动小球会失去原有的平衡状态,不能很快建立新的平衡或者不平衡加剧,是不稳定的状态。

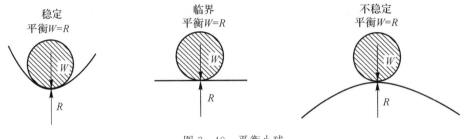

图 3-40　平衡小球

　　综上,平衡指结构处于平衡静止或者匀速运动状态;而稳定是对结构的一种状态性质定义,是指结构原有平衡状态不因微小干扰而变化;失稳指结构因微小干扰失去原有平衡状态,并转移到另一种平衡状态。

　　结构的丧失稳定性称为结构屈曲或欧拉屈曲。当 $F<F_{cr}$ 时,柱体处于稳定平衡状态,若引入一个小的扰动,然后卸载,柱体将返回到初始位置;当 $F>F_{cr}$ 时,柱体处于不平衡状态,卸载后不能回到初始位置;当 $F=F_{cr}$ 时,柱体处于临界平衡状态,把这个力定义为临界载荷。

　　Euler 从一端固定另一端自由的受压理想柱出发,给出了压杆的临界载荷。

　　所谓理想柱,是指起初完全平直而且承受中心压力的受压杆,如图 3-41 所示,在此柱是完全弹性且应力不超过比例极限的情况下,若轴向外载荷小于临界载荷,此柱将保持轴向压缩状态,如果一个扰动作用于柱使其有一个小的挠曲,在这一扰动除去后,柱子又回到之前的平衡状态,此时的弹性平衡是稳定的。若轴向外载荷大于它的临界值,在任意扰动产生的挠曲在扰动除去后不会消失即为不稳定的。

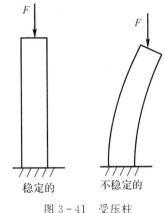

图 3-41　受压柱

　　在实际的结构中,由于扰动和非线性行为,很难到达临界载荷,低于临界载荷使结构通常变得不稳定。

　　屈曲分析主要用于研究结构在特定载荷下的稳定性以及确定结构失稳的临界载荷。求解屈曲分析的常用方法有线性屈曲分析、非线性屈曲分析、显式动力分析。

　　线性屈曲基于小挠度、线弹性的假设,不考虑结构受载后的变形和几何初始缺陷对平衡状态的影响,分析计算省时,常常作为第一步计算来评估临界载荷,可以预知结构屈曲模型的形状,预测理想线弹性结构的理论屈曲强度,作为关于屈曲设计的向导,用于估计最大临界载荷和屈曲模态,无法查看后屈曲状态,常用做引入缺陷之前的计算分析步,需要加载荷,主要用于缺陷不敏感结构。非线性屈曲分析可以查看后屈曲状态,考虑了非线性行为,用弧长量代替时间量,一般分析分为两步,首先进行特征值分析,然后加入初始缺陷,用 Riks 法分析,可以用于缺陷敏感结构,但对于存在接触及复杂模型容易出现收敛问题。显式动力分析基于动力学方程,需要许多小的时间增量来获得高精度的解答,可以很容易地模拟接触和其他极度不连续的情况,并且能够一个节点一个节点地求解和前推模型状态而不需要迭代及收敛准则,能够适应复杂模型及复杂接触,计算成本低,但是每步必须使用很小的增量,以防止结果逐渐偏离正确值,计算量较大,计算时间较长。

3.5.2　线性屈曲分析

线性屈曲是以小位移、小应变的线弹性理论为基础的,分析中不考虑结构在受载变形过程中结构构形的变化,也就是在外力施加的各个阶段,总是在结构初始构形上建立平衡方程。当载荷达到某一临界值时,结构构形将突然跳到另一个随遇的平衡状态,称之为屈曲。临界点之前称为前屈曲,临界点之后称为后屈曲。

线性屈曲的求解问题是线性稳定性方程的特征值问题,它是以特征值为研究对象的,特征值或线性屈曲分析预测的是理想线弹性结构的理论屈曲强度,也即分歧点,由特征值方程决定。特征值方法用来得到屈曲载荷因子 λ_i 和屈曲模态 ψ_i。

线性屈曲分析中应力状态函数为

$$(\boldsymbol{K}+\boldsymbol{S})\boldsymbol{X}=\boldsymbol{F}$$

其中,$\boldsymbol{K}$ 为刚度矩阵,$\boldsymbol{S}$ 为几何矩阵。

如果分析是线性的,可以对载荷和应力状态乘以一个常数 λ_i,可得

$$(\boldsymbol{K}+\lambda_i\boldsymbol{S})\boldsymbol{X}=\lambda_i\boldsymbol{F}$$

在一个屈曲模型中位移可能大于 $\boldsymbol{X}$ 为 $\boldsymbol{X}+\boldsymbol{\psi}$ 而载荷没有增加,则有

$$(\boldsymbol{K}+\lambda_i\boldsymbol{S})\{X+\psi\}=\lambda_i\boldsymbol{F}$$

两式相减可得

$$(\boldsymbol{K}+\lambda_i\boldsymbol{S})\boldsymbol{\psi}_i=0$$

屈曲分析求解步骤如下:

(1)建立或导入有限元模型,设置材料特性;

(2)定义接触区域;

(3)定义网格控制并划分网格;

(4)施加载荷及约束;

(5)链接到线性屈曲分析;

(6)设置线性屈曲初始条件;

(7)设置求解控制,对模型进行求解;

(8)进行结果评价和分析。

用线性屈曲分析方法求解下面具体问题,问题描述如下:

如图 3-42 所示的 T 形轴结构,承受压缩载荷,轴长 800 mm,材料为 2024-T351 铝合金,弹性模量为 72.5 GPa,泊松比为 0.33,密度 2.78 g/cm³,求该轴的临界载荷。

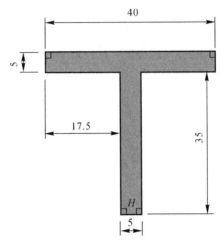

图 3-42　T 型轴结构

1. 建立模型

启动 ABAQUS/CAE,创建一个新模型,重命名为 Model-1,保存模型为 Model-1.cae。

单击 (Create Part)按钮,对所建立模型命名(本例保持默认命名 Part-1),模型空间选择"3D""Type"选择"Deformable""Shape"选择"Solid","Type"选择"Extrusion"。如图 3-43 所示,点击"Continue",进入草图界面,开始绘制 T 形轴截面。

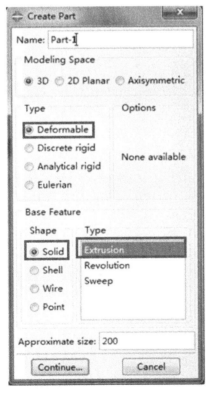

图 3-43　"Create Part"对话框

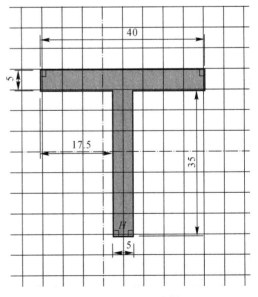

图 3-44　草图绘制

单击 (Create Lines Connected)按钮,在草图区绘制一条类似 T 形轴截面图形,单击 (Add Dimension)定义尺寸,图形尺寸如图 3-44 所示。

双击鼠标中键或者点击图区"Done"按钮,进行拉伸,输入拉伸长度,如图 3-45 所示,这样就得到如图 3-46 所示的部件。

图 3-45　拉伸

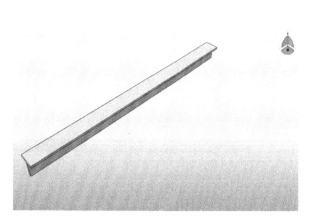

图 3-46　生成的部件

2.定义材料

进入 Property 功能模块,点击 (Create Material)按钮创建新材料,单击"Mechanical",选择"General"中的"Density",设置为 2.7e-9,选择"Elasticity"下的"Elastic",为材料添加 Elastic 属性,并设置弹性模量为 72 500,泊松比为 0.33,如图 3-47 所示。

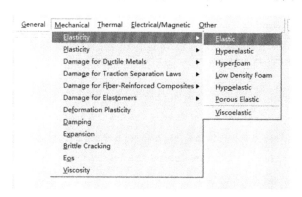

图 3-47　定义材料

点击 ⚓(Create Section)按钮,创建 Solid 分组下的 Homogeneous 类型,点击"Continue",选择上一步定义的材料。

点击 ⚖(Assign Section)按钮,选择所建立的模型,选择之后图形会有选择后颜色变化,然后点击 Done。

3.装配

进入 Assembly 模块单击 📋(Create Instance)按钮,选择所建立的模型,保持默认设置点击"OK"。

4.分析步

点击 ⚯(Create Step)按钮创建分析步,选择 Linear perturbation 中的 Buckle,点击"Continue",在 Basic 中定义求解特征值的数目为 10,如图 3-48 所示。

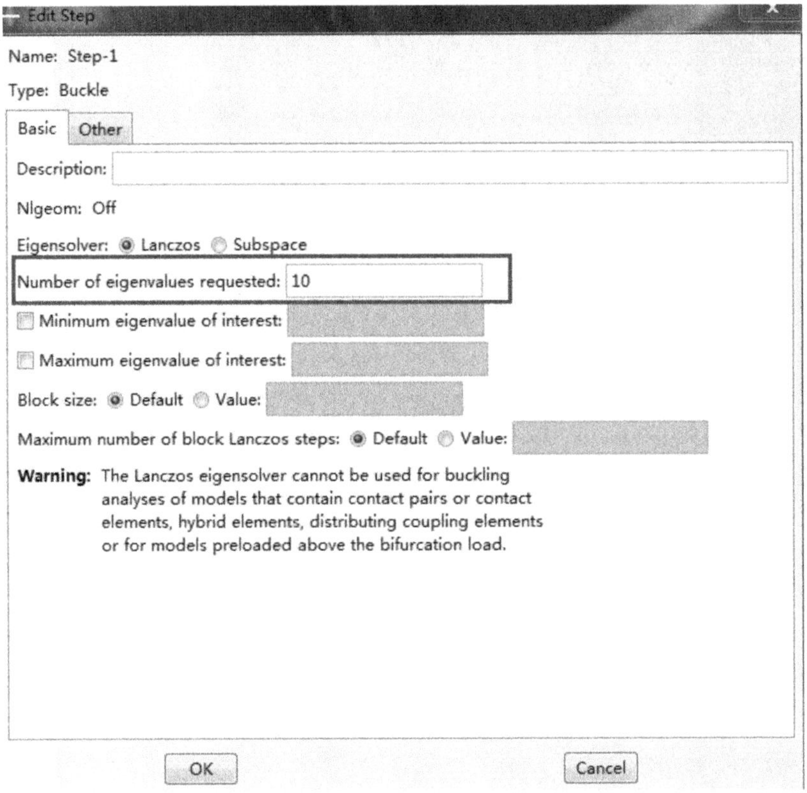

图 3-48 定义特征值

点击主菜单中"Tool"中"Datum",选择"Point"类型中的"Midway between 2 points",选择如图 3-49 所示两点,创建两点的中点,同样的方法在另一端创建位于同样位置的一个中点。

点击主菜单"Tool"中的"Reference Point",分别选择之前创建的两个点,就设置了两个参考点 RP-1 和 RP-2,RP-1 位置如图 3-50 所示。

点击主菜单"Tool"中的"Set",点击创建 Set,分别选择上一步创建的两个参考点 RP-1

和 RP-2,得到 Set-1 和 Set-2。

图 3-49　定义基准点

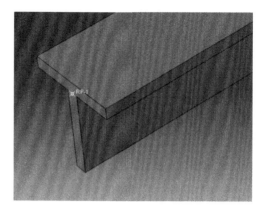

图 3-50　参考点 RP-1

执行"Module"为"Interaction",点击 (Create Constraint)建立集合点和所在平面的耦合,选择"Coupling"后,点击"Continue",点击右下角的"Sets",选择"Set-1"后点击"Continue",定义约束的类型为"Surface",选择 Set-1 所在的 T 形轴截面后点击鼠标中间确定,得到如 3-51 所示对话框,点击"OK",就建立了 Set-1 和所在的 T 形轴截面的耦合约束,如图 3-52 所示。用同样的方法建立 Set-2 和所在的 T 形轴截面的约束。

图 3-51　约束对话框

图 3-52　耦合

5.边界条件及载荷

建立 T 形轴一端的固定约束,"Module"选择"Load",单击 (Create Load)按钮创建载荷,类型选择"Displacement/Rotation",点击"Continue",位置选择"Set-1"后,点击"Continue",勾选 6 个自由度的边界约束如图 3-53 后,点击"OK"。

单击 (Create Load)创建载荷,选择"Concentrated force",点击"Continue",选择"Set-

2",在 Z 方向施加大小为 1e-4 的力,如图 3-54 所示。

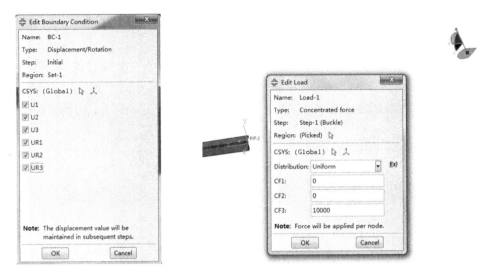

图 3-53　"Edit Boundary Contidion"对话框　　　　图 3-54　"Edit Load"对话框

6.划分网格

(1)设置网格密度。单击 (Seed Part)按钮,在图形区选中整个模型,单击鼠标中键,在弹出的如图 3-55 所示的"Global Seeds"对话框中,在"Approximate global size"后面输入 5,然后单击"OK"。

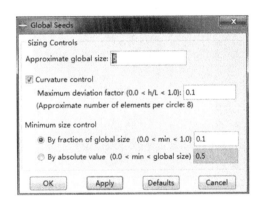　　　　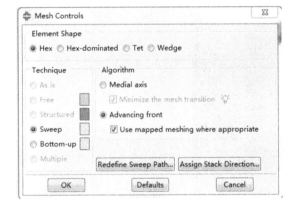

图 3-55　"全局种子"对话框　　　　图 3-56　"网格控制"对话框

(2)控制网格属性。单击 (Assign Mesh Controls)按钮,在图形区选中整个模型,单击鼠标中键,在弹出的"Mesh Controls"对话框中设置参数,如图 3-56 所示,设置后点击"OK"。

(3)选择单元类型。单击 (Assign Element Type)按钮,在视图区选择模型,单击"完成"按钮,弹出"Element Type"对话框,选择默认的单元为 C3D8R,设置如图 3-57 所示,单击"OK"。

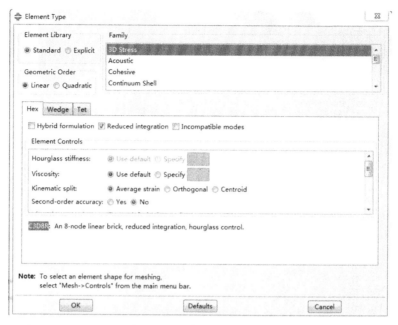

图 3-57 "单元类型"对话框

（4）划分网格。单击 📊(Mesh Part Instance)按钮,单击提示区的"OK"。划分好网格的有限元模型如图 3-58 所示。

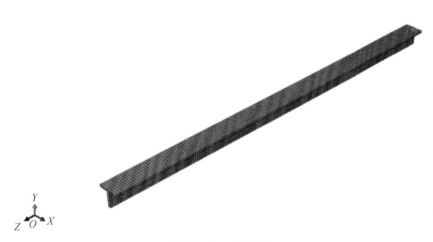

图 3-58 网格模型

7.求解和分析

在环境栏模块后面选择作业,执行"Job"命令,单击"Job"对话框中的"Create Job",定义作业名称,单击"Continue",然后单击"OK"。单击"Submit"按钮,等分析结束后,单击"Results"按钮进入可视化模块。

单击 📊(Plot Pconturs on Deformed Shape)按钮,可以用来显示云图。

执行"Result"中"Step/Frame"命令,弹出"Step/Frame"对话框,如图 3 - 59 所示,选择 Index 为 1,单击"Apply"显示一阶模态;选择 Index 为 2,单击"Apply"显示二阶模态;同样地显示模态前几阶阵形图,如图 3 - 60 所示。

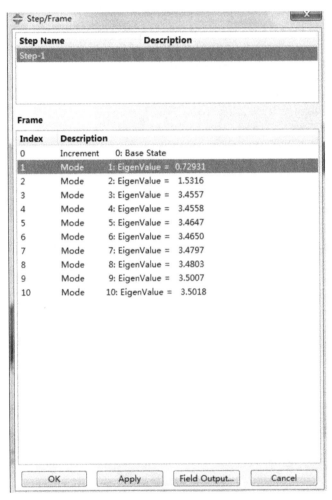

图 3 - 59 "分析步/帧"对话框

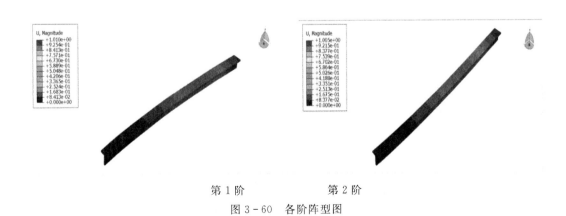

第 1 阶   第 2 阶

图 3 - 60 各阶阵型图

可以修改载荷模块中载荷和边界条件的设置,对不同情况下的问题进行分析.例如对之前自由端进行如图 3 - 61 所示的边界约束,显示特征值如图 3 - 62 所示。

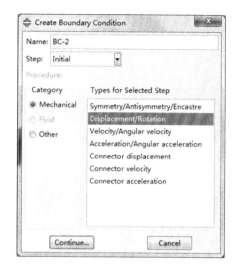
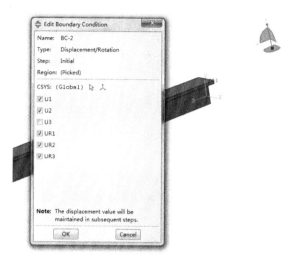

图 3 - 61　边界约束

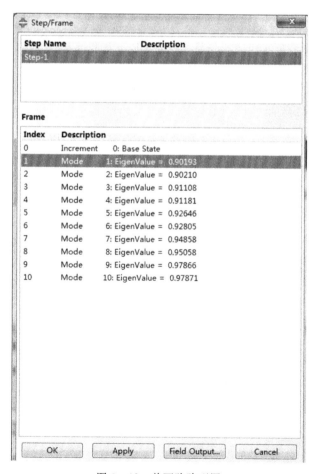

图 3 - 62　前两阶阵型图

两次相同模型、相同载荷、不同边界条件的临界载荷对比,见表 3 - 3。

表 3 - 3　临界载荷情况对比

	载荷/N	临界载荷/N
边界情况一	10 000	7 293
边界情况二	10 000	9 019

3.5.3　非线性屈曲分析

线性屈曲对结构的稳定性分析是基于小挠度、线弹性的假设,没有考虑受载后的变形和几何初始缺陷对平衡状态的影响,假定变形前、后结构的刚度不变,对于较“刚性”的结构是比较适用的。但实际中,如此没有缺陷、理想的构件非常少,不少结构在变形的过程中刚度是变化的,且这种变化不能被忽略,材料非线性、几何非线性和边界非线性等因素使得实际问题离线性屈曲的假设相差较大。

非线性屈曲分析考虑了材料非线性、几何非线性及初始缺陷的影响,其中,初始缺陷可以通过屈曲模态、阵形以及一般的节点位移来描述。ABAQUS 进行非线性屈曲分析,采用 Riks 算法实现,一般分两步,第一步是特征值屈曲分析,即线性屈曲分析,是在小变形情况下进行的,目的是得到临界载荷。其次就是后屈曲分析,此步一般采用非线性方法,原因在于其是在大变形情况下进行的,采用位移控制加修正的弧长法,可以定义材料非线性和几何非线性,加上初始缺陷,所以也称为非线性屈曲分析。此步分析,为了得到极限值,需要得到载荷位移曲线的下降段,缺陷较小的结构,初始位移变形较小,在极值点突变,而初始缺陷较大的结构,载荷位移曲线较平滑。

对于典型的位移载荷曲线,曲线的起始一般呈线性,在达到一定的载荷后,曲线将出现转折,这是因为结构发生了失稳,从而导致了屈曲现象,该载荷即为结构的屈曲载荷,之后结构的刚度开始下降,但还可以继续承受载荷。随之载荷不断增大,位移载荷曲线达到峰值,曲线的斜率变为零,此时的载荷即为结构的极限载荷。如图 3 - 63 所示,A 为屈曲点,其所对应的载荷为屈曲载荷,B 所对应的载荷为极限载荷。

问题描述:已知条件和线性分析中的例子相同,用非线性方法求解临界载荷。

问题分析:本例要用非线性方法求解 T 形轴的屈曲问题,ABAQUS 中非线性分析需要首先用线性分析求解得到 .fil 文件,复制模型后引入初始缺陷,非线性分析中更改分析步为 riks,施加位移约束,三维实体 T 形轴结构可以选择单元类型为 C3D8R。

线性分析输出 .fil 文件。

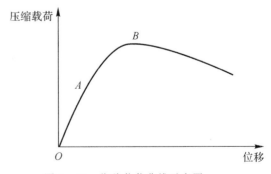

图 3 - 63　位移载荷曲线示意图

在线性分析提交作业之前,对 INP 文件进行修改,执行 Model→Edit Keyword,进入 INP 文件中,在图 3 - 64 所示位置键入:

　　∗ node file,global＝yes

　　U

点击"OK"后提交作业得到输出的 fil 文件。

图 3 - 64　键入关键字

复制原模型，并重新命名。在分析步中单击"Replace step"，将其改为"general-static-riks"。对复制的模型修改 INP 文件，引入初始缺陷。同样执行 Model→Edit Keyword，删除之前定义的要输出. fil 文件的关键字，在约束和 Step 之间添加新的关键字如图 3 - 65 所示，键入关键字：

$*$ imperfection，file=name，step=1

1，5e - 4

2，5e - 4

其中，name 为线性求解提交作业的作业名，要求两者必须一致。5e - 4 为缺陷的系数，其值视具体情况而定。缺陷较小的结构初始位移变形较小，在极值点突变，而初始缺陷较大的结构，载荷位移曲线较平滑，较容易分析。

1. 施加载荷

保持原来一端固定的边界条件，删掉之前的集中力载荷。点击 ⊾（Create Boundary Condition）按钮，创建位移载荷，施加 Z 方向大小为 200 的位移载荷，如图 3 - 66 所示。

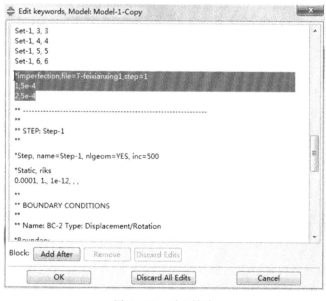

图 3 - 65　引入缺陷

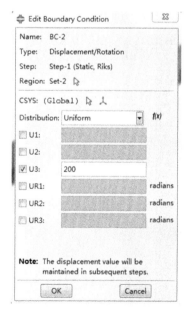

图 3 - 66　施加位移载荷

2. 求解与分析

重新创建和提交作业,通过数据处理得到位移载荷,如图 3-67 所示,通过曲线可以看出屈曲载荷约为 7 kN。

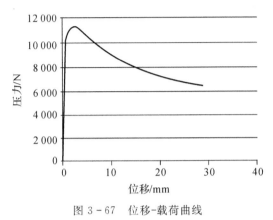

图 3-67 位移-载荷曲线

3.5.4 显式动力分析

动态显式算法是采用动力学方程的一些差分格式(例如中心差分法、线性加速度法、线性迭代法等方法),该算法不用直接求解迭代切线刚度,不需要进行迭代,每一步的计算成本低,需要许多小的时间增量来获得高精度的解答,可以很容易地模拟接触和其他极度不连续,能够一个节点一个节点地求解和前推模型状态而不需要迭代和收敛准则,能够求解接触复杂、模型复杂的动力学问题。考虑到显式分析的特点,能够比较容易地解决不稳定的后屈曲问题,在此类问题中,随着载荷的施加,结构的刚度会发生剧烈的变化,特别在后屈曲响应中包含接触相互作用或模型复杂情况下,显式分析的优点充分显现。现在简单介绍显式动力学计算的方法,用显式分析的方法求解相同模型的位移载荷曲线。

应用中心差分法对运动方程显式时间积分,应用前一步增量步的动力学条件计算下一步增量步的动力学条件。

在动力学平衡方程中,M 为结点质量,μ 为位移,$\ddot{\mu}$ 为节点的加速度,P 为施加的外力,I 为节点内力,节点质量 M 乘以加速度 $\ddot{\mu}$ 等于节点的合力,即

$$M\ddot{\mu} = P - I,$$

计算加速度为

$$\ddot{\mu}\,|_{(t)} = M^{-1}(P-I)\,|_{(t)}$$

假定加速度为常数,应用速度的变化值加上前一个增量步中点的速度来确定当前增量步中点的速度,有

$$\ddot{\mu}\,|_{(t+\frac{\Delta t}{2})} = u\,|_{(t-\frac{\Delta t}{2})} + \frac{(\Delta t_{(t+\Delta t)} + \Delta t_{(t)})}{2}\ddot{\mu}\,|_{(t)}$$

速度对时间的积分并加上在增量步开始时的位移以确定增量步结束时的位移,则

$$u\,|_{(t+\Delta t)} = u\,|_{(t)} + \Delta t\,|_{(t+\Delta t)}\ddot{\mu}\,|_{(t+\frac{\Delta t}{2})}$$

得到加速度后,在时间上显式前推速度和位移。

问题描述:已知条件和线性分析中的例子相同,用显式分析的方法求解临界载荷。

问题分析:本例要用显式分析方法求解 T 形轴的屈曲问题,ABAQUS 中显式分析使用通用分析步中的 Dynamic Explicit,三维实体 T 形轴结构可以选择单元类型为 C3D8R。

1.分析步

其他步骤与常用的静力分析相同,现在只叙述不同之处。在分析步中,单击 ^{●━■} (Create Step)按钮创建分析步,如图 3 - 68 所示,选择"General"中的"Dynamic,Explicit"后单击"OK"。

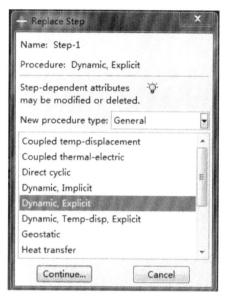

图 3 - 68　创建分析步

2.设置单元集,绑定约束

为了方便输出位移-载荷曲线,定义两端的一个节点集,对其进行约束,具体步骤如下:点击主菜单中"Tool"中"Datum",选择"Point"类型中的"Midway between 2 points",选择图 3 - 69所示的两点,创建两点的中点,同样的方法在另一端创建位于同样位置的一个中点。

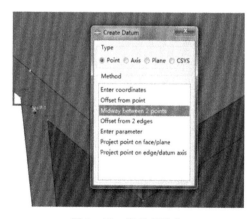

图 3 - 69　定义基准点

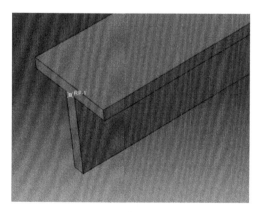

图 3 - 70　参考点 RP - 1

点击主菜单"Tool"中的"Reference Point",分别选择之前创建两个点,就设置了两个参考点 RP-1 和 RP-2,RP-1 位置如图 3-70 所示。

点击主菜单"Tool"中的"Set",点击创建 Set,分别选择上一步创建的两个参考点 RP-1 和 RP-2,得到 Set-1,Set-2。

执行"Module"为 "Iteracton",点击(Create Constraint)建立集合点和所在平面的耦合,选择"Coupling"后点击"Continue",点击右下角的"Sets",选择 Set-1 后点击"Continue",定义约束的类型为"Surface",选择 Set-1 所在的 T 形轴截面后,点击鼠标中键确定,得到如图 3-71 所示对话框,点击"OK",就建立了 Set-1 和所在的 T 形轴截面的耦合约束,如图 3-72 所示。用同样的方法建立 Set-2 和所在的 T 形轴截面的约束。

图 3-71 "Edit Constraint"对话框   图 3-72 耦合

3.定义历史输出

为了得到位移载荷信息需要定义相关量的输出。单击 (Create History Output)按钮,保持默认命名点击"Continue",点击"Energy",如图 3-73 所示;继续创建历史输出,单击 (Create History Output)按钮,命名"H-Output-2",点击"Continue","Domain"选择"Set-1",勾选"RT",输出"Set-1"的支反力,如图 3-74 所示;继续创建历史输出,单击 (Create History Output)按钮,命名"H-Output-3",点击"Continue","Domain"选择"Set-2",勾选"UT"输出"Set-2"的位移,如图 3-75 所示。

4.定义边界条件和载荷

建立 T 形轴一端的固定约束,"Module"选择"Load",单击 (Create Load)创建载荷,类型选择"Displacement/Rotation",点击"Continue",位置选择"Set-1"后点击"Continue",勾选 6 个自由度的边界约束,如图 3-76 所示,单击"OK"确定。

图 3 - 73　输出能量

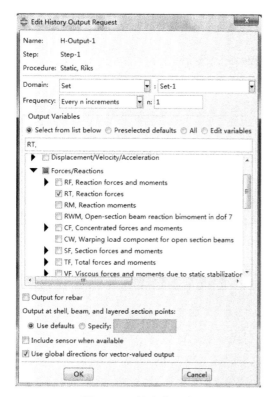

图 3 - 74　输出支反力

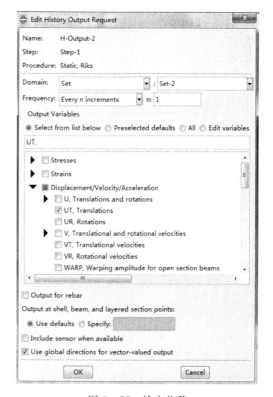

图 3 - 75　输出位移

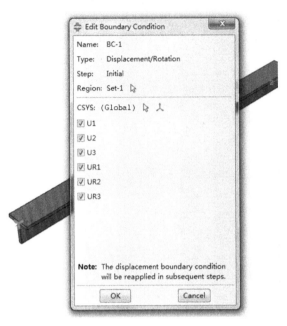

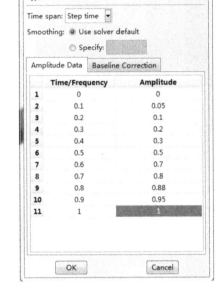

图 3-76 定义边界条件   图 3-77 定义 Amp-1

执行主菜单"Tool"中的"Amplitude",类型选择"Tabular",命名为"Amp-1",点击"Continue",定义"Amplitude"如图 3-77 所示,点击"OK"。

单击 ▦(Create Boundary Condition)创建位移载荷,类型选择"Displacement/Rotation",位置选择"Set-2"。对其加载大小为 20 的位移载荷,加载幅度选择之前创建的 Amp-1。实际加载位移为位移载荷乘以加载幅度。

5.定义和划分网格

网格划分与 3.5.2 节线性分析中相同,单元类型选择 C3D8R,对模型进行网格划分。

6.求解和分析

在环境栏模块后面选择作业,执行"Job Manager"命令,单击"作业管理器"对话框中"Create",定义作业名称,单击"Continue",然后"OK"。单击"Submit"按钮进行计算。单击"Job Manager"对话框中的"Monitor"按钮,可以对求解过程进行监视。

计算完成后单击 ▦(Create XY Data)按钮,选择"ODB history output"后单击"Continue",可以看到要求输出的各个量,选择"Reation force RF3 in Set-1",单击"Save As"后可以选择输出的形式,选择"spatial displace U3 in set-2"后单击"Save As",选择输出形式后单击"OK",单击 ▦(XY data manager)可以看到保存输出的数据,如图 3-78 所示,可以对其进行操作。通过数据处理得到位移-载荷曲线,如图 3-79 所示,可以看出屈曲载荷大约为 7 kN。

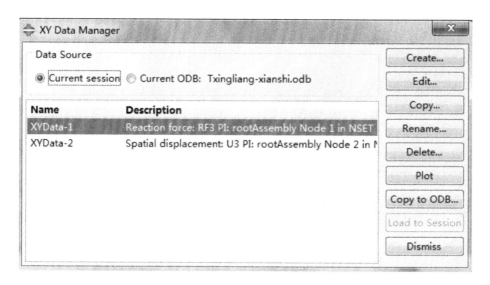

图 3 - 78　数据保存

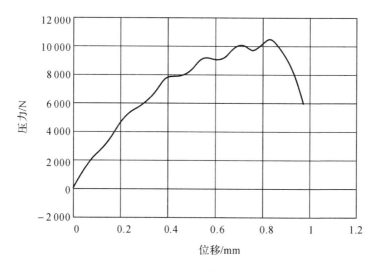

图 3 - 79　位移-载荷曲线

　　修改边界条件,如图 3 - 80 所示,得到位移-载荷曲线如图 3 - 81 所示,可以看出极限载荷较之前显著提高,从约 10.8 kN 增加到约 63 kN,约为之前极限载荷的 6 倍。

　　可以得到一端 6 个自由度全部约束、另一端自由的 T 形轴的非线性和显式方法求解的位移-载荷曲线,如图 3 - 82 所示,由之前的对比可以得出结论:对于本次模型,屈曲载荷在 7 kN 左右,3 种方法求得的屈曲载荷比较接近,误差在 8% 以内,近似程度高,其中线性屈曲方法求得屈曲载荷稍大一点点;通过位移-载荷曲线可以得到非线性和显式分析两者极限载荷分别约为 11.2 kN 和 10.8 kN,位移-载荷曲线在峰值前的部分基本相近,极限载荷也相差不大;通过对比可以看出,添加约束数目可以提高结构的屈曲承载能力,特别是后屈曲阶段的承载能力。

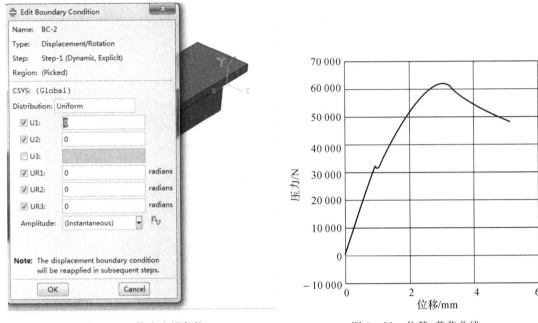

图 3 - 80　修改边界条件

图 3 - 81　位移-载荷曲线

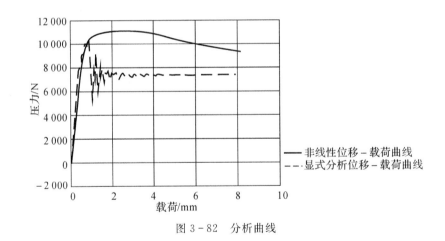

图 3 - 82　分析曲线

3.6　ABAQUS 铆钉问题

　　航空结构中,铆钉连接十分常见,多用于飞机蒙皮、长桁和壁板等的搭接中。图 3 - 83 所示,为某型战斗机机身蒙皮上的铆钉群。在用 ABAQUS 对铆钉连接进行模拟分析时,我们可能会关心的问题包括铆钉的受力大小、变形形式、钉载大小、载荷分布、最大应力集中区域等。根据重点分析的对象不同,我们将采用不同的策略进行建模分析。

　　本节将首先介绍铆钉的基本分析方法,根据重点分析对象的不同,通过几个不同的例子,对铆钉模型的建立、钉载的提取进行详细的说明介绍。

图 3-83 航空结构中的铆钉

3.6.1 铆钉分析的主要方法

ABAQUS 铆钉分析大体分两个思路：①当比较关心铆钉之外结构的受力分析，以及钉载传递，可以使用连接单元简化铆钉模型，从而在实现模型简化的同时，使问题得到了解决；②当比较关心铆钉本身的载荷和变形分析时，应使用实体建模，将铆钉按真实尺寸模型建立出来，按照接触关系分析铆钉的实际受力。

在 ABAQUS/CAE 中模拟铆钉的基本步骤：

(1) 在 Part 模块中根据需要 (实体或连接单元) 建立铆钉及其他部件的模型；

(2) 在 Property 模块中定义并赋予相应的材料属性；

(3) 在 Assembly 模块中对待分析结构进行组合装配；

(4) 在 Step 模块中创建相应的分析步；

(5) 在 Interaction 模块中，定义分析过程中需要用到的接触关系、连接单元、连接属性、参考点以及基准坐标系，并回到 Step 模块中定义相关的变量输出；

(6) 在 Load 模块中定义边界条件和载荷；

(7) 在 Job 模块中提交作业；

(8) 在 Visualization 模块中查询相关分析结果。

在进行实例讲解前，首先对几个基本理论概念进行介绍。

3.6.2 ABAQUS 壳结构铆钉连接的计算分析

1. 钉元简介

结构连接件的内力分析中通常采用低精度的元素，例如钉元，钉元是指连接结构件的铆钉和螺栓。它们的受力形式如图 3-84 所示，

承受剪切载荷的钉元，在 X 和 Z 两个方向上同时发生弯曲和剪切变形。由于钉元的倾斜，在 Y 方向上又发生拉伸变形，连接孔的内表面承受非均匀的挤压应力，因此，紧固件及附近的变形状态和应力状态相当复杂。

为了简化起见，假设钉元只承受 X 和 Z 方向的载荷，并用试验的方法测出它们的变形与载荷关系曲线。利用这条曲线可以得到钉元的刚度系数。

在结构坐标系下的钉元刚度矩阵：

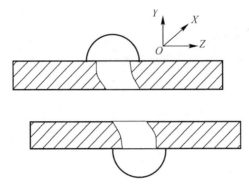

图 3-84　钉元受力形式图

一维单向受剪：

$$\boldsymbol{K} = k\begin{bmatrix} 1 & -1 \\ -1 & 1 \end{bmatrix}$$

二维双向受剪：

$$\boldsymbol{K} = k\begin{bmatrix} 1 & 0 & -1 & 0 \\ 0 & 1 & 0 & -1 \\ -1 & 0 & 1 & 0 \\ 0 & -1 & 0 & 1 \end{bmatrix}$$

对于三维受力模型，钉元刚度矩阵扩充为以下形式，以确保总刚度矩阵中对角元不为零，即

$$\boldsymbol{K} = k\begin{bmatrix} 1 & 0 & 0 & -1 & 0 & 0 \\ 0 & 1 & 0 & 0 & -1 & 0 \\ 0 & 0 & 1 & 0 & 0 & -1 \\ -1 & 0 & 0 & 1 & 0 & 0 \\ 0 & -1 & 0 & 0 & 1 & 0 \\ 0 & 0 & -1 & 0 & 0 & 1 \end{bmatrix}$$

式中，$\boldsymbol{K}$ 为钉元刚度矩阵；k 为钉元刚度系数。

2. 刚度系数的计算

刚度的倒数为柔度，工程中，多用柔度概念来表示紧固件的载荷和变形的关系特性。钉元受力模型如图 3-85 所示。

$$\frac{1}{k} = f = \frac{\delta}{P}$$

式中，k 为刚度系数（N/mm），f 为柔度（mm/N），δ 为变形量（mm），P 为载荷（N）。

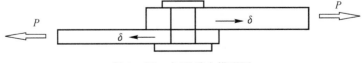

图 3-85　钉元受力模型图

柔度计算有着不同的工程经验计算公式。

Swift 公式：

$$f = \frac{5}{dE_f} + 0.8\left(\frac{1}{t_1 E_1} + \frac{1}{t_2 E_2}\right)$$

Tate 和 Rosenfeld 公式：

$$f = \frac{1}{E_f t_1} + \frac{1}{E_f t_2} + \frac{1}{E_1 t_1} + \frac{1}{E_2 t_2} + \frac{32}{9 E_f \pi d^2}(1 + v_f)(t_1 + t_2) +$$

$$\frac{8}{5 E_f \pi d^4}(t_1^3 + 5 t_1^2 t_2 + 5 t_1 t_2^2 + t_2^3)$$

Boeing 公式：

$$f = \frac{2\left(\frac{t_1}{d}\right)^{0.85}}{t_1}\left(\frac{1}{E_1} + \frac{3}{8 E_f}\right) + \frac{2\left(\frac{t_2}{d}\right)^{0.85}}{t_2}\left(\frac{1}{E_2} + \frac{3}{8 E_f}\right)$$

Huth 公式：

$$f = \left(\frac{t_1 + t_2}{2d}\right)^a \frac{b}{n}\left(\frac{1}{t_1 E_1} + \frac{1}{n t_2 E_2} + \frac{1}{2 t_1 E_f} + \frac{1}{2 n t_2 E_f}\right)$$

其中，常数 a 和 b 是根据接头形式考虑确定的（参数 n 取决于连接形式；$n = 1$ 为单剪连接，$n = 2$ 为双剪连接），见表 3 - 4。

表 3 - 4　铆钉材料类型和 Huth 公式中常数值

组　别	紧固件类型	a	b
1	金属螺栓	2/3	3.0
2	金属铆钉	2/5	2.2
3	石墨/环氧螺栓	2/3	4.2

Grumman 公式：

$$f = \frac{(t_1 + t_2)^2}{E_f d^3} + 3.7\left(\frac{1}{E_1 t_1} + \frac{1}{E_2 t_2}\right)$$

有限元仿真公式：

$$f = \left(\left[\frac{679.4}{n^4 E_f t_1}\left(\frac{t_1}{d}\right)^4 + \frac{679.4}{n E_f t_2}\left(\frac{t_2}{d}\right)^4\right] + b\left[\frac{3\,272.6}{n^2 E_f t_1}\left(\frac{t_1}{d}\right)^2 + \frac{3\,272.6}{n E_f t_2}\left(\frac{t_2}{d}\right)^2\right] +$$

$$c\left[\frac{1\,126.1}{E_1 t_1} + \frac{1\,126.1}{n E_2 t_2}\right]\right) f\left(\frac{d_{\text{head}}}{d}\right) f\left(\frac{s}{d}\right) f\left(\frac{w}{d}\right) f(r) f(g) C_f$$

其中

$$f\left(\frac{d_{\text{head}}}{d}\right) = 0.178\,2\left(\frac{d_{\text{head}}}{d}\right)^2 - 0.723\,2\left(\frac{d_{\text{head}}}{d}\right) + 1.721\,2$$

$$f\left(\frac{s}{d}\right) = \begin{cases} 1, & s = 0 \\ 0.048\,9\left(\frac{s}{d}\right)^2 - 0.354\,5\left(\frac{s}{d}\right) + 1.675\,2, & s > 0 \end{cases}$$

$$f\left(\frac{w}{d}\right) = -0.029\,6\left(\frac{w}{d}\right)^2 + 0.327\,7\left(\frac{w}{d}\right) + 0.207\,1$$

$$f(r) = 0.029\,3 r^3 - 0.194\,3 r^2 + 0.504\,4 r + 0.660\,9$$

$$f(g) = -1\ 814.5g^3 - 257.34g^2 - 13.25g + 1$$

$$C_f = \begin{cases} 1, & \text{凸头紧固件} \\ 1.2, & \text{埋头紧固件} \end{cases}$$

工程经验公式：

$$C = \frac{1\ 000}{E_f}\left\{\frac{8.25E_f(t_1 + t_2)}{9.424\ 8GQ^2} + \left[\frac{(t_1 + t_2)}{t_1 t_2} + \frac{E_f}{E_1 t_1} + \frac{E_f}{E_2 t_2}\right]\Big/\frac{Q}{d}\right\}$$

式中，$Q = [(0.5d - 1.5)/7 + 1]d$；$G$ 为螺栓、铆钉剪切模量。

以上列出的 7 个紧固件柔度计算公式中，Swift 公式、Tate&Rosenfeld 公式、Boeing 公式、Grumman 公式只适用于单剪连接，其余两种公式单剪和双剪连接均适用。

现在介绍一套专用分析程序，可以计算任意列、任意行规则排列单/双剪金属材料连接件紧固件柔度。

图 3-86 为程序主界面示意图。

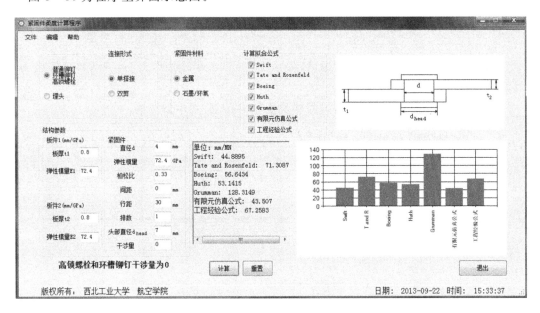

图 3-86　柔度计算程序主界面

图 3-87 为结构参数输入界面，结构参数包括板的厚度、弹性模量、紧固件的材料参数、紧固件直径、紧固件头部直径和紧固件排列间距；程序会根据各数值之间的几何协调关系，判断使用者所输入的数值是否正确，若发生错误，会提示错误数值。另外，输入框根据实际参数类型定义了各输入框要求的数据类型，如只能输入数字和小数点或者只能输入整数值等。图 3-88 为计算公式选择界面，共有 7 个柔度计算公式供选择；图 3-89 为结构连接类型和结构件类型选择界面，图 3-90 为柔度计算结果显示界面，界面左侧显示柔度计算结果数据，界面右侧用直方图的形式对比显示柔度值。

需要注意的是，计算结果单位为 mm/MN，在代入有限元软件计算时，要根据需要做必要的单位调整。

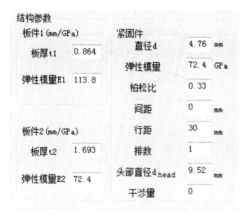

图 3-87 结构参数输入界面   图 3-88 分析类型选择界面

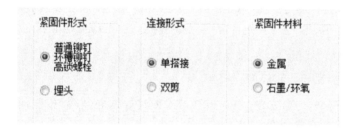

图 3-89 结构连接类型和结构件类型选择界面

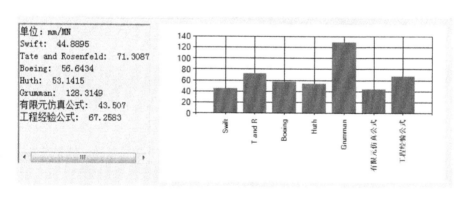

图 3-90 柔度计算结果显示界面

3. 实例分析

从下述的实例中,读者可以学习如何利用连接单元模拟铆钉连接,从而进行分析运算。问题描述如下:

长 400 mm,宽 100 mm,厚 2.5 mm 的薄板,共 3 块,以搭接形式用 9 根铆钉连接在一起,铆钉半径 2.5 mm。在一层壁板的一侧,施加 -25 N/mm 的线载荷。在双层壁板一侧做固支处理,如图 3-91 所示。

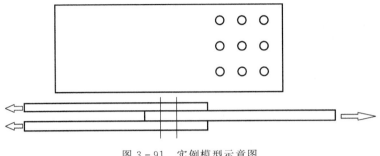

图 3-91 实例模型示意图

(1)Part 模块。点击左侧工具区中的 ⬛(Create Part)按钮，"Shape"选择"Shell"，"Type"选择"Planar"，其余保持默认，进入草图界面后点击 ⬜ 按钮，输入第一个坐标(-200,50)，再输入第二个坐标(200,-50)，点击"Done"，生成实体。

(2)Property 模块。点击 ⬛ 按钮，创建 $E = 71\ 000$ MPa，$\mu = 0.33$ 的弹性材料。点击 ⬛ 按钮，"Category"选择"Shell"，"Type"选择"Homogeneous"，点击"Continue"，"Shell thickness"选择"Value"，并输入 2.5，"Material"选择之前创建的材料属性，点击"OK"。点击 ⬛ 按钮，将刚才创立的截面属性赋予建好的壳结构。

(3)Assembly 模块。点击 ⬛ 按钮，连续导入创建好的壳结构，按照问题描述中的装配关系将部件组合完毕，完成后如图 3-92 所示。

图 3-92 装配示意图

(4)Step 模块。点击 ⬛ 按钮，"Procedure Type"选择"General"中的"Static,General"，点击"Continue"，再点击"OK"，完成分析步的设定。

(5)Load 模块。点击 ⬛ 按钮，在一层壁板的一侧，施加-25 N/mm 的线载荷。点击 ⬛ 按钮，在双层壁板一侧做固支处理，如图 3-93 所示。

图 3-93 载荷及边界条件示意图

(6)Interaction 模块。模拟铆钉关键在此步完成，下面将具体介绍如何建立连接单元模拟铆钉。

当要模拟铆钉连接时，ABAQUS 提供了一种很方便的点对点连接方式，它的设定可以独立于 Node 之外，称为 Fasteners。Fasteners 可以搭配各式 Connector Elements 使用，在

Connector Element 上可以设定扭转、平动等连接特性，刚度、阻尼等力学特性，以及连接的破坏准则。

建立 Fasteners 的方式可分为 Point-based 和 Discrete 两种。Point-based 的方式适用于模型中存在大量铆钉，可以自动地搜寻待建立连接关系的两个面；Discrete 方式需要手动指定 Fasteners 的具体位置，定义完毕后，可以在前处理中看到 Fasteners 的位置、Coupling 影响范围以及所使用的 Connector Element 种类。

现在介绍如何定义 Connector Element 的属性。选择 ABAQUS 中的 Interaction 模块后，点击 （Create Connector Section）按钮，因本文介绍的是钉元，故按以下界面进行设置，如图 3-94 所示。

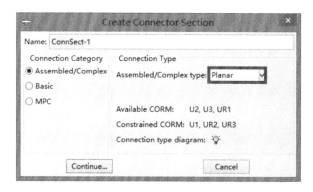

图 3-94　创建连接属性

如图 3-95 所示，1 轴指垂直于平面的轴，2,3 轴在平面内。从图中可看出，被连接的两点，可在面内平动或转动（即 U2,U3,UR1 为可变量），不能垂直平面移动和转动（即 U1,UR2,UR3 为零）。

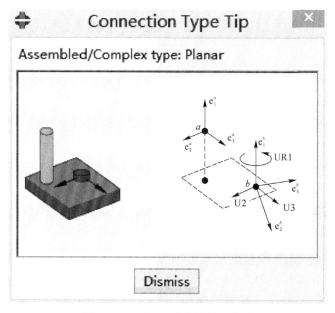

图 3-95　Planar 连接属性示意图

点击"Continue",进入"Edit Connector Section"界面,点击 ✚ 添加弹性(Elasticity)属性,具体设置如图 3-96 所示。

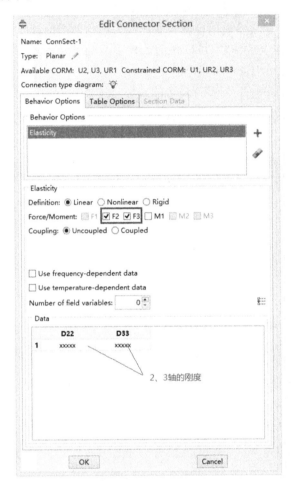

图 3-96 定义连接属性

其中,刚度值通过上节内容计算出的柔度,再求倒数来获取(注意单位统一)。

创建 Fastener 前需要先创建 Attachment Point,作为铆钉存在的位置(位于同一铆钉连接处但在不同层的铆钉点,只用标出一个)。

ABAQUS 中提供了 3 种建立 Attachment Point 的方法:

1)通过坐标定义。对应按钮为 ✚,打开后界面如图 3-97 所示。

这里,推荐使用该方式进行定义。原因如下:外部导入,可以方便快捷地建立 Attachment Point;基于坐标建立的 Attachment Point,不会因为模型被分割而改变位置。

2)沿直线定义。对应按钮为 ✎,定义起始点,再定义终点或沿某一方向,然后设定点的个数或点的间隔,来定义其他的 Attachment Point。具体设置如图 3-98 所示。

3)点阵方式定义。对应按钮为 ▦,先选定一条边,通过定义点的个数、点到始末点的距离、点的排数、排距、离初始定义边的距离以及所要定义的面,完成 Attachment Point 的定义。

具体设置如图 3 - 99 所示。

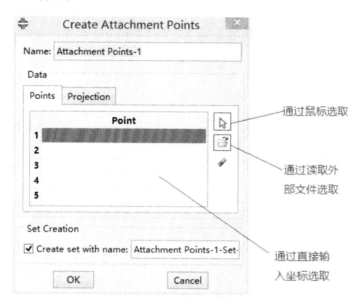

图 3 - 97　通过坐标定义 Attachment point

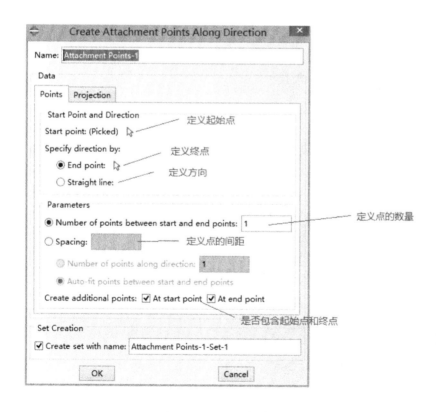

图 3 - 98　沿方向定义 Attachment point

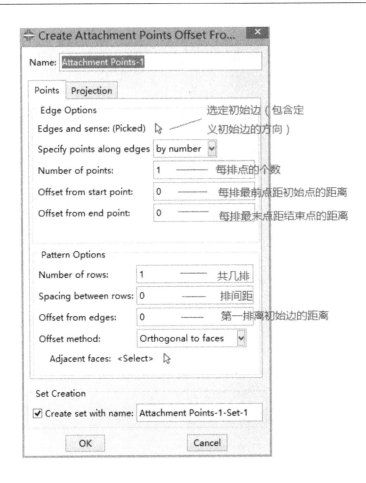

图 3 - 99　建立 Attachment Point 点阵

　　用以上 3 种方法的任一种方法在 3 层板的中板处建立 3×3 的 Attachment Point 点阵，间距为 25 mm，距边界为 25 mm，完成后如图 3 - 100 所示。

图 3 - 100　创建完 Attachment Point 后的模型图

创建 Fastener 的方法有两种，分别为 Point base 的方式和 Discrete 方式。

1）Point based 的方式，如图 3 - 101 所示：

点击按钮 ，选择 Point_based，再选取所有 Attachment point。

在 Domain 选项卡里，选择"Whole model"进行分析，其余保持默认。

在 Criteria 选项卡里，选择"Face – to – Face"的连接方式；"Search radius"表示以选定的 Attachment Point 为中心，搜索铆接在一起的面的范围，通常选择默认，这样 ABAQUS 会根据结构尺寸、距离判定两个面是否应该铆接在一起；"Maximum layers for projection"表示搜索时穿透几层结构，通过控制层数可以实现多层蒙皮有选择地铆接在一起，这里选择"all"，即全部穿过。

在 Property 选项卡里，"Physical radius"表示铆钉半径，本例定义为 2.5 mm；"Additional mass"表示铆钉质量，本例不需要做相关分析，设置为 0；"Section"中，在"Connector section"中选择按照之前方法建立的 Planar 连接属性，刚度值定义为 30 000 N/mm，注意在"Connector Orientation 1"中选择一个坐标系，满足 1 方向垂直于平面，2,3 方向在平面内（如果整体坐标系不满足，需建立局部坐标系做补充）。

在 Formulation 选项卡中，全部选择默认。

在 Adjust 选项卡中，全部保持默认。

ABAQUS 中 Fasteners 的所有上述定义都是基于总体坐标的，要求 Z 轴（3 轴）必须与面垂直，勾选"Adjust CSYS to make Z – axis normal to closest surface"可以保证坐标系方向自动匹配而不用另定义坐标系。点击"OK"完成 Point based 方式建立 Fasteners，如图 3 – 102 所示。

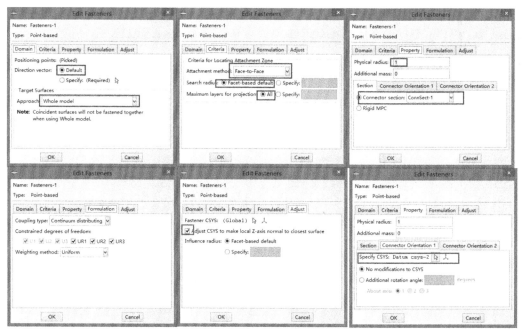

图 3 – 101　Point – based 方式创建 Fasteners 示意图

图 3 – 102　Point – based 方式建立 Fasteners 效果图

2）Discrete 方式：

点击按钮，选择所有 Attachment Point，再选择第一个铆钉连接面，然后选择另一个铆钉连接面，之后点"OK"，完成 Attachment Line 的建立，由于是三层蒙皮，所以同一位置需要建立两次。观察局部模型可以看到 Attachment Line，如图 3 - 103 所示。

点击按钮，选择 Discrete，然后选择所有的 Attachment Line，在"Influence radius"里输入铆钉半径 2.5，其他保持默认，点击"OK"，完成 Fasteners 的定义，如图 3 - 104 所示。

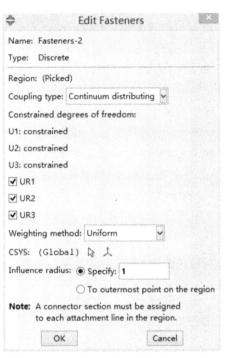

图 3 - 103　Attachment Line 示意图　　　　图 3 - 104　Fasteners 创建示意图

点击按钮，给 Fastenners 定义属性，点击选择所有的 Fasteners。在"Edit Connector Section Assignment"对话框中，选择按照之前方法建立的 Planar 连接属性，刚度为 30 000 N/mm，"Orientation 1"中选择一个 X-轴垂直于平面的坐标系（如有必要另建局部坐标系）。点击"OK"完成 Fastenners 的定义，如图 3 - 105 所示。

图 3 - 105　Discrete 方式建立 Fasteners 效果图

（7）Mesh 模块。点击按钮，设置全局网格密度为 2.5 mm（可适当加粗网格以提高运算速度）。单元类型选择四边形 S4R 单元，点击按钮完成网格划分，如图 3 - 106 所示。

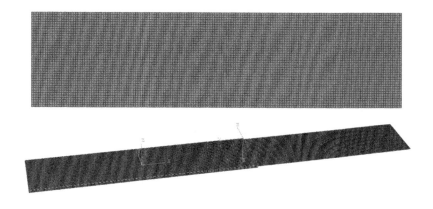

图 3 - 106　分网格划分示意图

(8)回到 Step 模块,点击 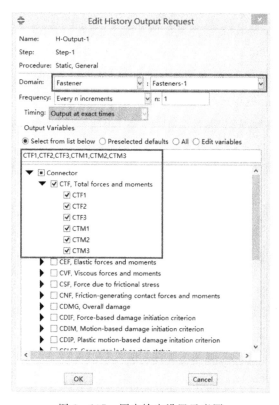(Creat History Output)按钮,"Domain"选择"Fasteners",并选择对应建立的 Fasteners,并输出"Total force and moment"以获取钉载,如图 3 - 107 所示。

图 3 - 107　历史输出设置示意图

(9)在 Job 模块里提交作业,计算完成后,点击 Result,在 Visualization 模块可以看到计算结果。由于结构简单,分网相同,两种方式建立的 Fasteners 计算出的结果完全相同,如图3 - 108所示。钉载可以在对应历史输出中查询得到。

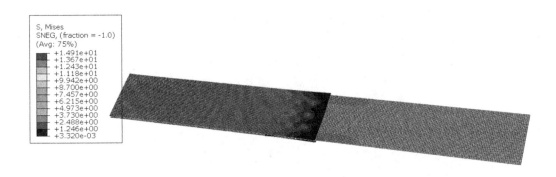

图 3-108　计算结果示意图

3.6.3　ABAQUS 铆钉实体建模分析

对于关心铆钉变形及结构局部细节应力的情况,应使用 3D 实体建模。

(1)Part 模块。点击左侧工具区中的 ![icon](Create Part)按钮,"Shape"选择"Solid","Type"选择"Extrusion",其余保持默认。进入草图界面后点击 ![icon] 按钮,输入第一个坐标(-200,50),再输入第二个坐标(200,-50),点击"Done",生成实体,"Depth"输入 2.5 mm。

点击 ![icon](Creat Cut:Extrude)按钮,点击薄板的一面再点击一条端线作为参考线。画出半径为 2.5mm 圆,并利用 ![icon] 按钮的阵列功能生成更多的圆,完成后的效果图如图 3-109 所示。点击"Done",选择"Through All",点击"OK",得到带铆钉孔的薄板,如图 3-110 所示。

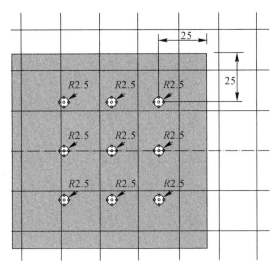

图 3-109　切割草图示意图

再次点击左侧工具区中的 ![icon](Create Part)按钮,"Shape"选择"Solid","Type"选择"Extrusion",其余保持默认,创建半径为 4mm,厚度为 2mm 的圆盘。点击 ![icon] 按钮,选择圆盘的一个端面,在中心创建半径为 2.5mm 的圆,拉伸长度为 7.5mm。点击 ![icon] 按钮,选择新生成的端面,在中心创建半径为 4 的圆,拉伸长度为 2mm,最终得到了简化为哑铃状的铆钉,如图 3-111所示。为了便于网格划分,可以对结构进行适当的分割。

图 3-110　带铆钉孔薄板示意图

图 3-111　铆钉简化示意图

(2)Property 模块。点击 按钮,创建 $E=71\ 000$ MPa,$\mu=0.33$ 的弹性材料。点击 按钮,"Category"选择"Solid","Type"选择"Homogeneous",点击"Continue","Material"选择之前创建的材料属性,点击"OK"。点击 按钮,将刚才创立的截面属性赋予建好的结构。

(3)Assembly 模块。点击 按钮,连续导入创建好的实体结构,按照问题描述中的装配关系将部件组合完毕,完成后效果如图 3-112 所示。

图 3-112　实体铆钉装配示意图

(4)Step 模块。点击 按钮,"Procedure Type"选择"General"中的"Static,General",点击"Continue",再点击"OK",完成分析步的设定

(5)Load 模块。点击 按钮,在一层壁板的一侧,施加-10N/mm^2 的均布载荷。点击 按钮,在双层壁板一侧做固支处理。

(6)Interaction 模块。点击 按钮,"Step"选择"Initial","Types for Selected Step"选择 "General Contact"(standard),"Included Surface Pairs"选择"All With Self","Global Property Assignment"里选择接触属性,若没有,则点击旁边 按钮建立一个接触属性,该属性包含"无摩擦""硬接触"即可。

(7)Mesh 模块。点击 设置全局网格密度为 2.5mm(可适当加粗网格以提高运算速度)。单元类型选择六面体 C3D8R 单元,点击 完成分网。为了网格更加合理科学,可以对模型进行适当的切割,网格划分后效果如图 3-113 所示。

图 3-113　实体模型分网示意图

（8）回到 Step 模块，将需要知道接触面力的接触对，重新定义新的接触对（将会覆盖掉通用接触），点击 ░░ (Creat History Output)按钮，"Domain"选择"Interaction"，并选择对应建立的接触对，并输出"Contact Force"以获取钉载（详见前面章节）。

（9）在 Job 模块里提交作业，计算完成后，点击"Result"，在 Visualization 模块里可以看到计算结果，如图 3-114 所示。

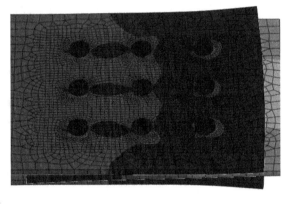

图 3-114　实体模型计算结果示意图

3.6.4　ABAQUS 铆钉实体建模简化分析

用上节方法可以模拟三维铆钉，但计算时由于结构接触复杂，导致实际计算时耗时较多，本节用一种简单的算法实现对三维实体铆钉的模拟。

（1）与之前模型相同，在装配时将实体铆钉删掉。

（2）在 Interaction 模块中，首先定义与之前相同全局的通用接触，利用建立 Attachment Point 的方法，在每层薄板的铆钉孔中心处，建立一个 Attachment Point。点击 按钮，选择"Coupling"，"Control Point"选择一个 Attachment Point，"Surface"选择该"Attachment point"所在的内孔面，"Coupling type"选择"Continuum distributing"，其余保持默认，点击"OK"完成耦合设定，如图 3 – 115 所示。

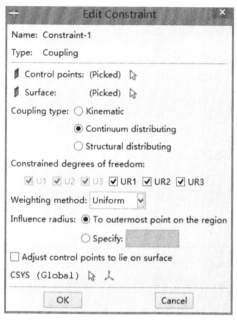

图 3 – 115　coupling 示意图

点击 按钮创建与壳结构中相同的连接属性（刚度为 30 000N/mm）。点击 按钮顺次将同一铆钉孔处的 Attachment Point 相连作为连接单元，点击 按钮将建立好的连接属性赋给建立好的连接单元。完成后效果如图 3 – 116 所示。

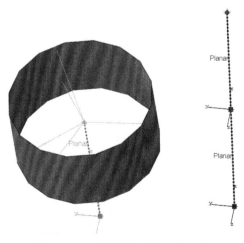

图 3 – 116　实体铆钉简化连接示意图

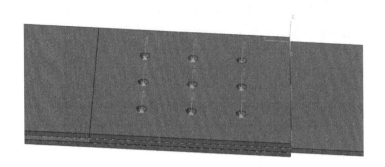

续图 3-116　实体铆钉简化连接示意图

（3）其余部分与之前相同，输出钉载时，将感兴趣的连接单元选中定义为"set"，然后再历史输出中选择输出。

（4）提交运算后，得到结果如图 3-117 所示。

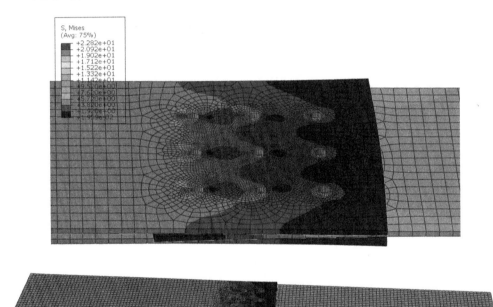

图 3-117　铆钉实体简化结果示意图

3.7　ABAQUS 裂纹问题

裂纹是材料或构建中的缝隙和缺陷。ABAQUS 中定义，裂纹是模型上的缝隙，必须附着在二维平面或三维实体的元胞中；在不受外力作用时缝隙是闭合的，当受到外力作用时缝隙会张开，如图 3-118 和图 3-119 所示。

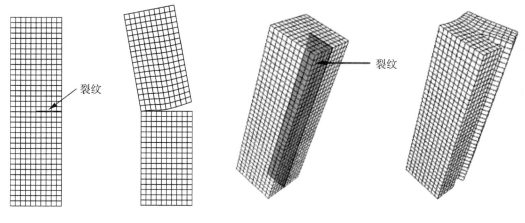

图 3 - 118   二维裂纹   图 3 - 119   三维裂纹

ABAQUS 为裂纹分析提供了围线积分(Contour Integral)、扩展有限元(Extended Finite Element Method，XFEM)和虚拟裂纹闭合技术(Virtual Crack Closure Technique，VCCT)3 种方法。

1. 围线积分方法

围线积分方法通过计算裂尖周围多种物理量(如位移、应力等)的积分值得到表征裂纹特性的相关参数，如 J 积分、应力强度因子、T 应力等。围线积分方法适用于线弹性响应的材料，ABAQUS 往往需要计算多组围线积分给出一个综合的结果。

2. 扩展有限元

扩展有限元采用了不连续的形状函数来代表模型中的间断，计算网格与结构内部的物理边界无关。在分析裂纹问题时，扩展有限元无需在裂尖区域采用加密网格，有效地克服了网格不均匀带来的计算速度下降等困难，并且能够方便地模拟裂纹的任意路径。

3. 虚拟裂纹闭合技术

虚拟裂纹闭合技术是一种裂纹扩展准则，它假设裂纹张开时释放的能量等于裂纹闭合时所需要的能量，当等效的能量释放率大于临界值时裂纹发生扩展。这种方法在处理复合材料边界裂纹时有较大的优势。

航空结构多为铝合金材料，在工作寿命内多处于线弹性响应阶段，故主要采用围线积分方法进行裂纹分析。接下来通过两个实例详细说明二维与三维裂纹的分析过程。

3.7.1   二维含裂平板拉伸问题

含裂纹的二维平板尺寸如图 3 - 120 所示，平板厚 3 mm，上、下两端受到 1 N/mm 的均布载荷作用，材料为 2024 铝合金，弹性模量为 71GPa，泊松比为 0.3，试分析裂纹尖端应力场并求解应力强度因子。

解决这一问题主要分为建立模型、创建裂纹、定义裂尖裂隙、定义输出、划分网格、加载、计算、输出结果等步骤。现在逐步介绍分析过程。

1.建立模型

单击 (Create Part)按钮,选择形状为"Shell",类型为"Planar",如图 3-121 所示,单击 "Continue"进入草图界面。在草图界面绘制矩形,如图 3-122 所示,矩形关于草图的坐标原点中心对称。

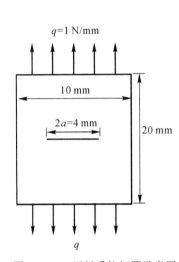

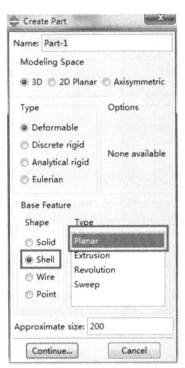

图 3-120　平板受拉问题示意图　　　　图 3-121　选用 Shell 创建二维平板

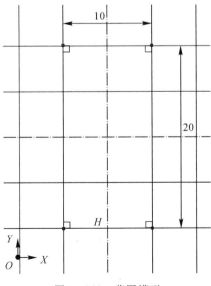

图 3-122　草图模型

进入 Property 功能模块,单击 (Create Material)按钮创建新材料,为材料添加 Elastic 属性,并设置杨弹性氏模量为 71 000MPa,泊松比为 0.33,如图 3 - 123、图 3 - 124 所示。

注:此处设置的为铝合金的材料参数(弹性模量约 71 GPa)。

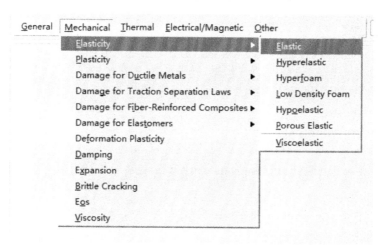

图 3 - 123　添加 Elastic 属性

图 3 - 124 设置弹性模量与泊松比

单击 (Create Section)按钮,创建"Shell"分组下的"Homogeneous"类型截面,并设置截面厚度值为 3,如图 3 - 125、图 3 - 126 所示。

图 3 - 125　创建截面

单击 (Assign Section)为模型附截面属性,成功附上截面属性后模型的颜色会发生改变,如图 3 - 127 所示。

进入 Assembly 模块,单击 (Create Instance)按钮将部件加入装配模型中。

ABAQUS中规定裂纹所在部件不能为"Dependent"属性,在左侧树状图中找到模型名称(Model-1)→Assembly→Instance→部件名称(Part-1-1),并单击右键,在弹出菜单中单击"Make Independent",如图3-128所示。

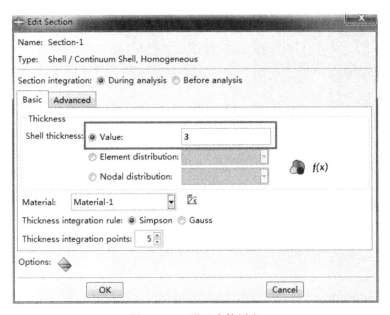

图3-126 设置壳体厚度

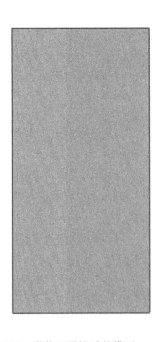

图3-127 附截面属性后的模型

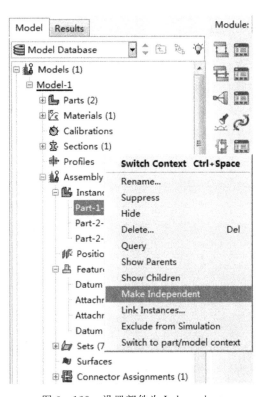

图3-128 设置部件为Independent

2. 创建裂纹

返回 Part 功能模块,单击 （Partition Face：Sketch）,在原模型上绘制如图 3 - 129 所示的线段作为裂纹。

注:在实际问题中往往需要通过静力分析确定开裂位置,再创建裂纹。

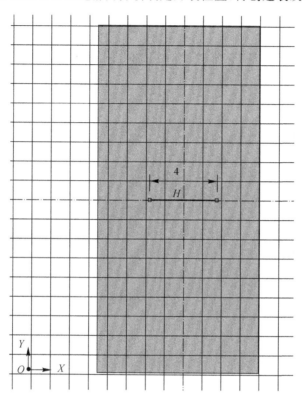

图 3 - 129　绘制裂纹

此时绘出的仅仅是裂纹轮廓并不具有裂纹的属性,还需要对裂隙和裂尖分别进行定义。

3. 定义裂尖与裂隙

由于裂纹尖端会产生很大的应力集中,需要特别对待裂纹尖端附近的应力场,这也是要特别定义裂尖的原因。

在弹性力学的理论解中,裂纹尖端的应力为无穷大。在实际材料中由于产生了裂尖塑性区而避免了无穷大应力,但裂纹尖端的应力分布依然有很大的奇异性。

有限元方法为了处理裂纹尖端的这种奇异性采用了特殊的退化八节点等参单元。如图 3 - 130、图 3 - 131 所示,单元的 1,7,8 节点退化到同一节点,满足了裂尖区域的分网要求;同时将 2,6 节点偏移到 $\frac{1}{4}$ 位置,使单元产生奇异性,更好地反映裂纹尖端的应力场。

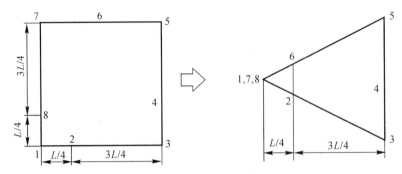

图 3-130 退化的八节点等参单元

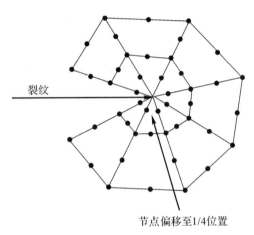

图 3-131 裂纹尖端分网示意图

（1）绘制出裂尖附近的特殊分网区域。同绘制裂纹一样，单击 ■ (Partition Face: Sketch)按钮，并在左、右两个裂纹尖端分别绘制一大一小两个圆形区域，如图 3-132 所示。

注 1：大圆半径一般约为小圆半径的 5 倍，但不可刚好为 5 倍，以免产生不必要的计算错误。

注 2：在绘制大、小圆时，将确定圆周的点绘制在裂纹上能避免产生多余的参考点。

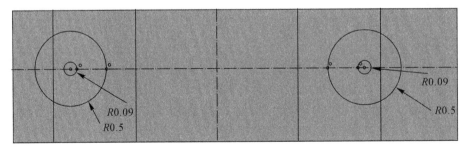

图 3-132 绘制围线积分域

（2）定义裂尖属性。进入 Interaction 模块，单击工具栏中的 Special→Crack→Create，弹出窗口选择 Contour Integral(围线积分)，如图 3-133 所示。

围线积分是一种线积分方法，ABAQUS 在计算 J 积分和应力强度因子时会在积分域中取多条不同半径的圆形路径计算围线积分。图 3-131 中绘制的大圆是围线积分的结束边界，小圆是围线积分的起始边界。

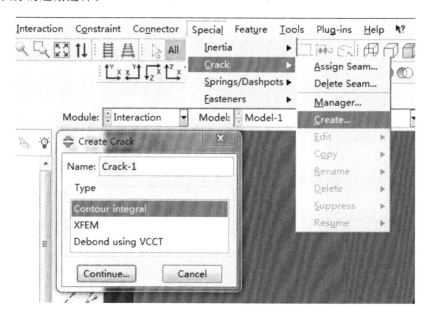

图 3-133　定义裂尖属性

点击"Continue"按钮后，依次选择初次围线积分初始区域（小圆内红色区域）以及裂尖点（圆心点），如图 3-134 所示，裂纹方向定义选择"q vectors"方式，并设置裂纹扩展方向。

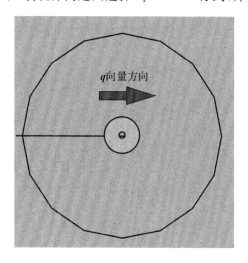

图 3-134　选择裂尖区域后使用 q 向量定义裂纹扩展方向

如图 3-135 所示，在弹出的裂纹编辑对话框"Singularity"选项卡中修改"Midside node parameter"为"0.25"（即前文所述的节点移动至 1/4 位置），裂尖单元退化选择"Collapsed element side，duplicate nodes"。单击"OK"完成裂尖的定义。

此时只定义了一个裂尖(右裂尖),采用相同方法完成左裂尖的定义,注意 q 向量的方向朝向左侧。

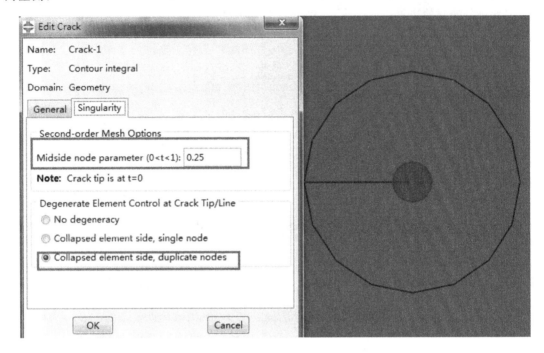

图 3-135　Singularity 选项卡中定义中间点位置

注:若设置裂尖单元为退化型(Collapsed element side)则需要在分网时采用图 3-131 所示的三角形形式。若选择裂尖单元不退化(No degeneracy)则需要采用图 3-136 所示的裂尖分网方法。对于线弹性断裂采用双点退化单元的计算精度最高。

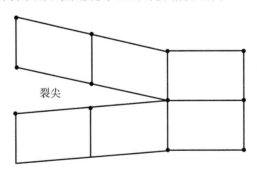

图 3-136　不退化单元处理裂尖

在定义了裂尖以后还需进一步定义裂隙。如图 3-137 所示,进入 Interaction 模块,单击工具栏中的"Special"→"Crack"→"Assign Seam"。

选择裂纹,被选中的裂纹会变色,如图 3-138 所示。单击中键完成裂隙定义。

注:裂纹线已被圆周打断成多条线段,需要按住"Shift"键依次选择,尤其注意选中小圆周内的线段。

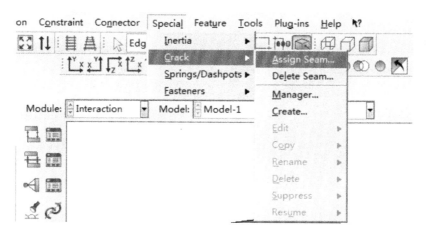

图 3 - 137　定义裂隙

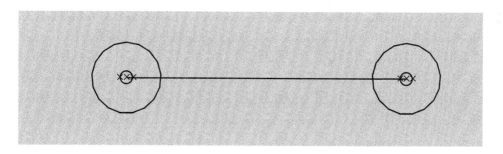

图 3 - 138　选择裂隙

4.定义输出

创建分析步。进入 Step 模块，单击 ▆▆ （Create Step）按钮，在弹出菜单中选择"Static，General"，单击"Continue"按钮，接下来全部采用默认设置，直接单击"OK"完成分析步创建，如图 3 - 139 所示。

求解应力强度因子需要创建额外的 History Output。单击"Output"→"History Output Requests"→"Create"，建立名为"Crack - 1"的输出，如图 3 - 140、图 3 - 141 所示。

单击"Continue"后弹出对话框，按照图 3 - 142 中序号顺序依次选择：

①输出对象为 Crack 中的 Crack - 1（即右裂尖）；

②围线积分的围线数量（Number of Contour）为 5；

③输出类型为应力强度因子，计算裂纹扩展偏角的准则为最大切应力准则。

单击"OK"完成输出设置。

注 1：②中设置了围线数为 5，这也是绘制裂尖区域时大圆的半径要 5 倍于小圆半径的原因。

注 2：两个裂尖需要建立两个 History Output。

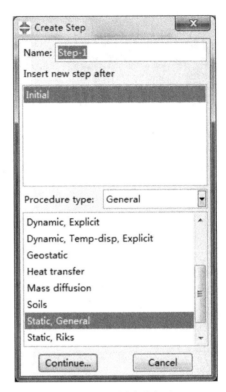

图 3-139　创建分析步

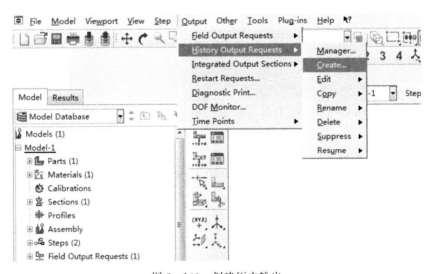

图 3-140　创建历史输出

图 3 - 141　输入裂纹名称

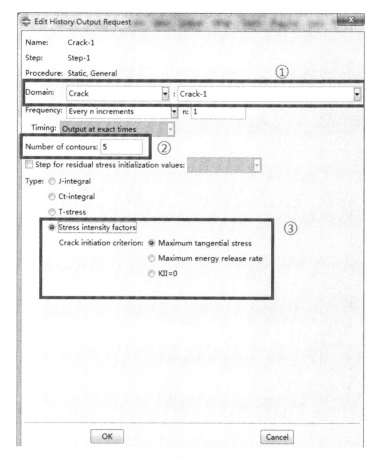

图 3 - 142　设置历史输出参数

在图 3 - 142 中，Type 选项下列出了可以输出的几种裂纹分析相关的参数，分别是：

J 积分（J - integral）：与裂纹扩展时的能量释放率相关的参数，当材料响应为线性时，J 积分与应力强度因子相关。

Ct 积分（Ct - integral）：Ct 积分与裂纹扩展速率相关，将 J 积分中的位移用速度代替，能量释放密度用能量释放率密度代替求出的即为 Ct 积分。

T 应力（T - stress）：代表了裂尖处平行于裂纹面的应力，它的大小与裂纹的形状、尺寸、应力状态相关。

应力强度因子（Stress Intensity Factor）：线弹性断裂力学中最重要的参数，它表征裂纹尖端附近应力场与位移场的强度。若选择输出类型为应力强度因子,需要进一步确定裂纹萌生准则,也即裂纹进一步扩展时的偏转原则。计算裂纹扩展偏角的准则有最大切应力准则、最大能量释放率准则与 $K_{II}=0$ 准则,根据这些准则估算出的裂纹偏角也会输出在计算结果中。

5. 划分网格

进入 Mesh 模块中,分析对象(Object)选择"Assembly",找到裂尖所在位置。单击 (Assign Mesh Controls)工具,选择围线积分区域(大圆与小圆之间的区域),设置网格形状为四边形主导(Quad-dominated),分网模式为扫略(Sweep),如图 3-143、图 3-144 所示。

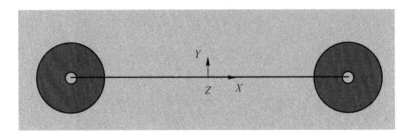

图 3-143 设置图中深色区域的分网模式

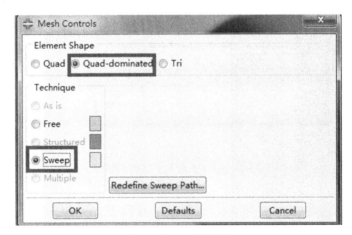

图 3-144 分网设置

用同样方法设置裂纹尖端区域(小圆内区域)的网格形状为 Tri(三角形网格),分网方法为 Free(自由划分),如图 3-145 所示。

单击 (Seed edges)按钮,选择小圆周,单击中键弹出"局部布种"(Local Seeds)对话框。选择布种方式为"By number",本例中设置布种数量为 12(根据计算精度决定疏密程度),如图 3-146 所示。单击"OK"完成布种。

注:在小圆周布种完成后,系统会在大圆周上自动完成布种,且大圆周上的种子数与小圆周上相同。

用同样方法在围线积分区域内的裂纹上布种(除去小圆半径的大圆半径),设置布种数量与围线数量相同(本例中为 5),如图 3-147 所示。

最后,在小圆周内的裂纹线上布种,设置种子数为 1,如图 3-148 所示。以上即完成了一个裂尖区域的分网设置。

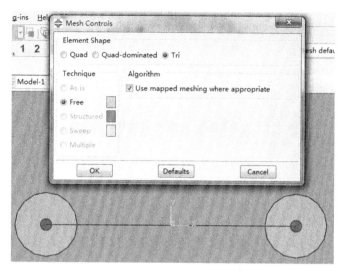

图 3-145　设置裂尖的分网属性

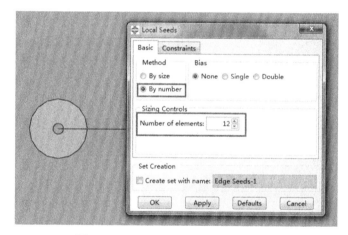

图 3-146　设置小圆周上的局部种子数

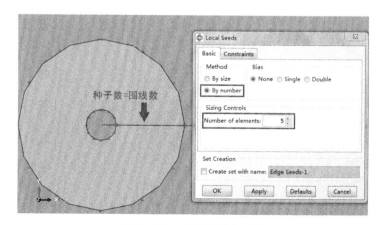

图 3-147　在裂纹线上布种

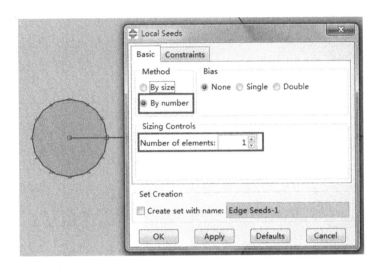

图 3-148　在小圆周内的裂纹线上布种

对另一裂尖做相同操作后,单击 <img/>(Mesh Part Instance)工具生成网格,如图 3-149 所示。如果对分网结果不满意可以使用 <img/>(Seed Part Instance)功能修改全局布种数量。

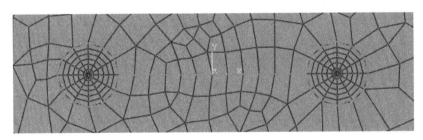

图 3-149　裂尖区域分网结果

单击 <img/>(Assign Element Type)按钮,全选模型。选择单元类型为壳单元(Shell)的二次单元(Quadratic),单元编号为 S8R5,自由度(DOF per node)为 5。如图 3-150 所示。

注:在壳单元的裂纹分析中,ABAQUS 只支持自由度为 5 的二次单元,即 S8R5。

6.*模型加载*

进入 Load 模块,单击 <img/>(Create Load)按钮,选择载荷类型为"Shell edge load",如图 3-151所示。单击"Continue",选择平板的上端单击中键"弹出"载荷编辑(Edit Load)对话框,设置载荷大小为－1,其余保持默认,如图 3-152 所示。

用同样的方法在平板的下端施加方向相反的载荷。

注 1:注意区分 Shell edge load 与 Pressure 的区别。

注 2:Shell edge load 的法向载荷正向为受压方向,负向为受拉方向。

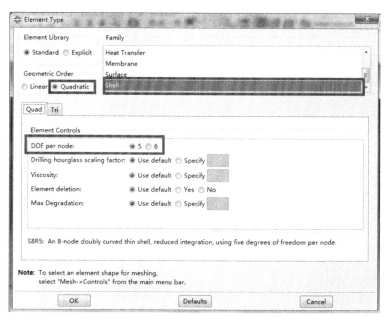

图 3 - 150　选择单元类型

图 3 - 151　选择载荷类型

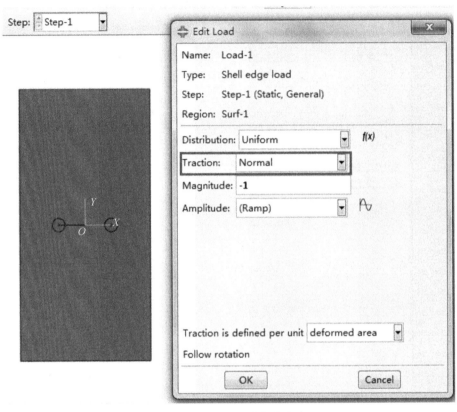

图 3-152　设置载荷大小

7. 计算与求解

在 Job 模块中，单击 ![icon](Create Job)按钮创建工程，全部使用默认设置，并提交任务。

查看应力结果可以发现裂尖应力场的分布情况与理论解吻合良好。由于网格划分较粗的缘故，应力场边缘呈锯齿形，可以通过加密网格改善，如图 3-153 所示。

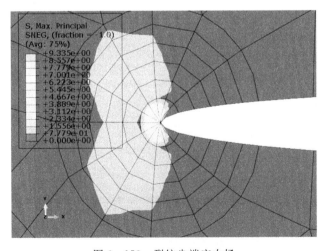

图 3-153　裂纹尖端应力场

应力强度因子的求解结果可以在工作日志中找到。返回 Job 模块，打开 Job Manager，选中提交的任务并单击"Monitor"按钮，如图 3－154 所示。

打开 Data file 选项卡，在日志的最后分别列出了 Crack－1 与 Crack－2 的应力强度因子、J 积分等参数的计算结果，如图 3－155 所示。

计算结果分别为裂尖应力强度因子 K1 与 K2、裂纹扩展的偏转角以及 J 积分的值。由于围线积分数为 5，因此有 5 列结果，每一列代表一条围线上的计算结果，一般取 2～4 列结果的均值为最终结果。

注：日志文件保存在 ABAQUS 计算目录下的. dat 文件中，本例中的日志文件为 Job－1. dat。

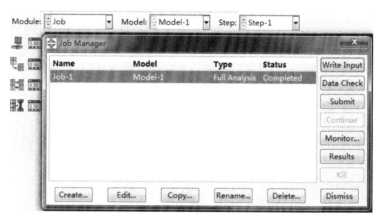

图 3－154　返回 Job 模块打开 Job Manager

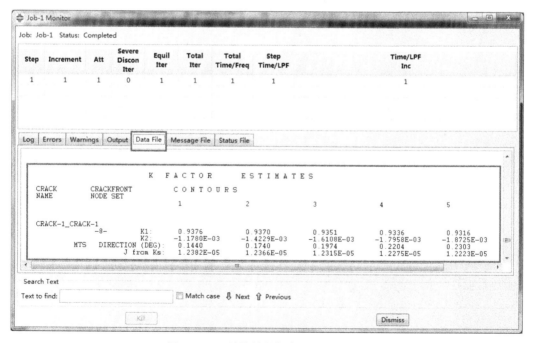

图 3－155　计算结果保存在日志文件中

8.结果说明

图 3 - 155 所显示的是输出节点 8 的相关运算信息。第一列中 K1，K2，MTS
DIRECTION（DEG），J from Ks 分别代表的是 I 型应力强度因子、II 型应力强度因
度、J 积分。本例中设置围线积分的围线数量（Number of Contour）为 5，所以每一项的输出结
果有 5 个。1 代表的是第一圈围线积分所计算出的结果，2 代表的是第一圈和第二圈围线积分
所计算出的结果，以此类推。由于越到外面形状越不规则，计算结果也越不精确，所以一般取
结果时只取 1 或者 2 的计算结果即可。

3.7.2　含裂立方体拉伸问题

含裂立方体结构如图 3 - 156 所示，立方体上、下端面受到 1MPa 的均布拉伸应力，求裂尖
附近应力分布情况及裂尖应力强度因子。

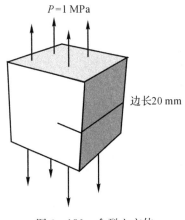

图 3 - 156　含裂立方体

1.建立模型

在 Part 模块中单击 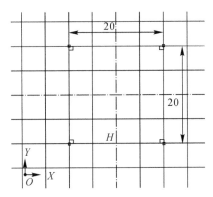（Create part）按钮，选择建模类型为"Solid"，建模方式为
"Extrusion"，在草图模块绘制如图 3 - 157 所示的草图，单击中键设置拉伸长度为 20。

图 3 - 157　立方体建模草图

与 3.7.1 节中相同，在 Property 模块中创建材料，弹性模量 71 000 N，泊松比 0.33。注意

在创建截面时选择"Solid"目录下的"Homogeneous"类型。

最后在 Assembly 模块中插入该部件，注意选择部件类型为 Independent，如图 3 - 158 所示。

注：也可以按 3.7.1 节中的方法从树状图中修改。

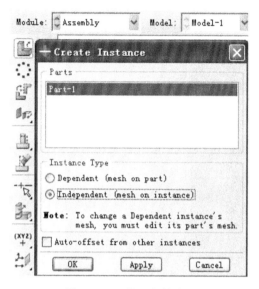

图 3 - 158　设置部件类型

2. 创建裂纹

进入 Part 模块，单击 按钮，在正方体正面绘制如图 3 - 159 所示的曲线。

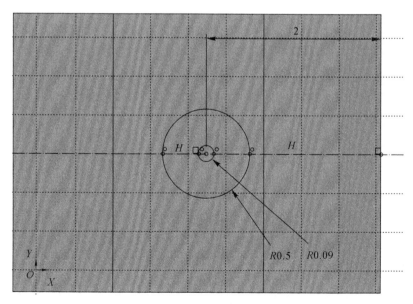

图 3 - 159　裂纹形状的绘制

三维裂纹一般贯通整个结构的裂纹面,单击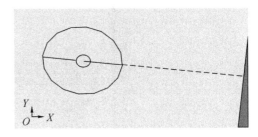(Partition Cell：Extrude/Sweep Edges)按钮,选择大圆曲线单击中键。单击"Extrude Along Direction"按钮,并选择厚度方向的一条边,如图3-160所示。最后按提示单击确认完成分割。

用同样方法依次创建小圆、裂纹直线和裂纹延长线的分割,由于此时存在其他元胞,系统会提示先选择要分割的元胞,此时根据提示先选择元胞再进行分割操作。另外,裂纹直线被圆弧打断,需要依次在小圆元胞、大圆元胞、立方体元胞内创建分割,如图3-161所示。

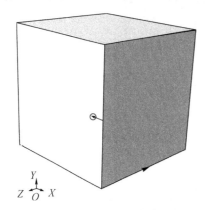

图3-160　沿厚度方向创建分割面

图3-161　在大圆元胞中创建裂纹延长线的分割

全部分割完成后得到的分割形状如图3-162、图3-163所示。

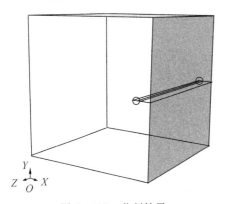

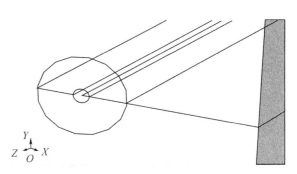

图3-162　分割结果

图3-163　分割结果局部放大

注:如果找不到该功能请长按"Partition Cell"按钮在弹出菜单中寻找,如图3-164所示。

图3-164　Partition Cell的功能菜单

3. 定义裂纹

定义裂尖的方式与 3.7.1 节基本相同。进入 Interaction 模块，在菜单栏中选择"Special"→"Crack"→"Create"，选择裂纹类型为"Contour Integral"。注意，此时选择裂尖区域为小圆内的元胞，裂纹前缘为裂尖所在的边，如图 3-165 所示。

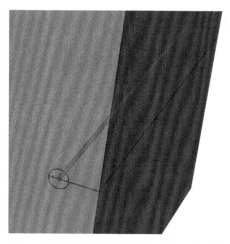

图 3-165　与之前不同，裂纹区域为元胞，裂尖为一条边

如图 3-166 所示，在弹出的裂纹编辑对话框"Singularity"选项卡中修改"Midside node parameter"为 0.25，裂尖单元退化选择"Collapsed element side，duplicate nodes"。单击"OK"完成裂尖的定义。

注：选择裂尖区域时，可以将类型更改为"Cells"，如图 3-167 所示。

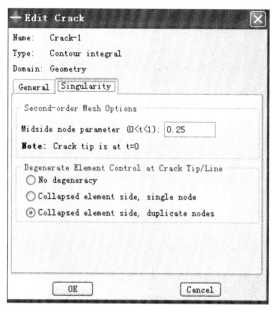

图 3-166　设置裂尖属性

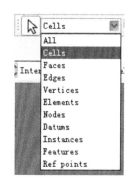

图 3-167　更改选择类型

最后单击菜单栏中的"Special"→"Crack"→"Assign Seam"，选择图 3-168 所示的裂纹

缝隙面,完成对裂纹的定义。

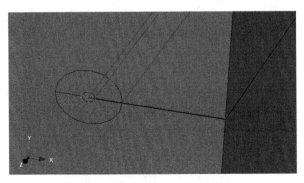

图 3-168　定义裂纹缝隙面

4.定义输出

进入 Step 模块采用默认设置建立任务,单击菜单栏中的 Output → History Output Requests → Create 建立裂纹的历史输出,如图 3-169 所示。

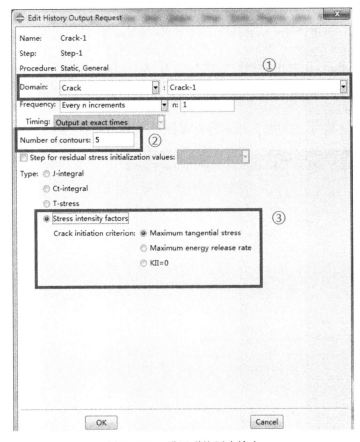

图 3-169　设置裂纹历史输出

注:输出的定义过程与 3.7.1 节中完全一致,详细请参阅 3.7.1 节相关内容。

5. 划分网格

进入 Mesh 模块中,分析对象(Object)选择"Assembly",找到裂尖所在位置。单击 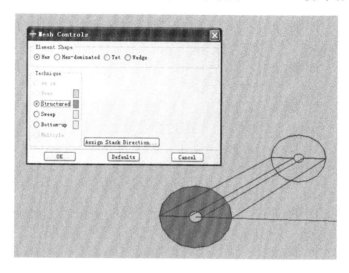 (Assign Mesh Controls)工具,选择围线积分区域(大圆与小圆之间的区域),设置网格形状为 "Hex",分网模式为"Structured",如图 3-170 所示。

注:如果没有在绘制裂纹时绘制裂纹延长线,则不能使用 Structured 模式对大圆内区域分网。

图 3-170 设置围线积分区域的分网属性

用同样方法设置裂纹尖端区域(小圆内区域)的网格形状为"Wedge",分网方法为 "Sweep",如图 3-171 所示。

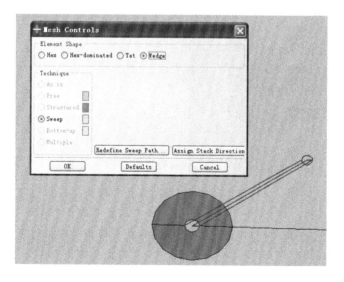

图 3-171 设置裂尖的分网属性

单击 (Seed edges)按钮,选择两段小圆周,单击中键弹出"局部布种"(Local Seek)对话框。选择布种方式为"By number",本例中设置布种数量为 6(根据计算精度决定疏密程度),

如图 3-172 所示。单击"OK"完成布种。

注：由于小圆周被打断为两部分，故设置每段上的种子数为 6，圆周上一共有 12 个种子。

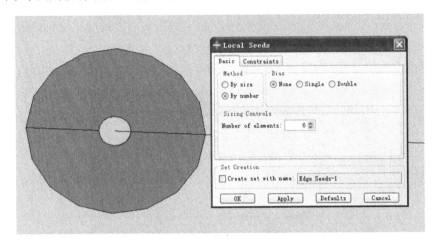

图 3-172 设置小圆周上的局部种子数

与 3.7.1 节不同，此时大圆周上不会自动产生种子点，需要手动设置。选择两段大圆周，设置布种数量为 6，注意与小圆周上的种子点保持一致，如图 3-173 所示。

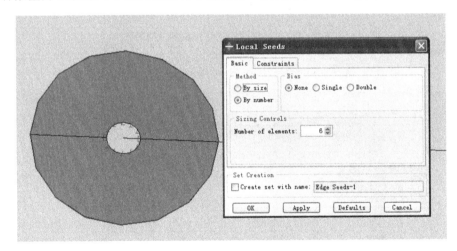

图 3-173 在裂纹线上布种

在裂纹线与裂纹延长线上布种，使种子数等于围线积分个数（本例中为 5），如图 3-174 所示。

最后，在裂尖上布种，设置种子数为 1，如图 3-175 所示。以上即完成了一个裂尖区域的分网设置。

单击 📊(Mesh Part Instance)工具生成网格，如图 3-176、图 3-177 所示。如果对分网结果不满意可以使用 📊(Seed Part Instance)功能修改全局布种数量。

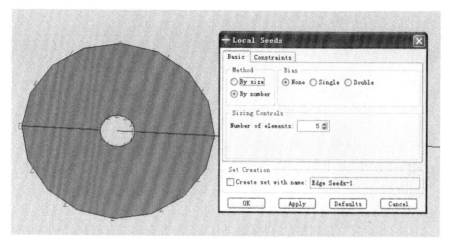

图 3-174　在裂纹线与裂纹延长线上布种

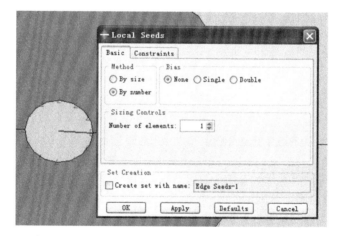

图 3-175　在裂尖上布种

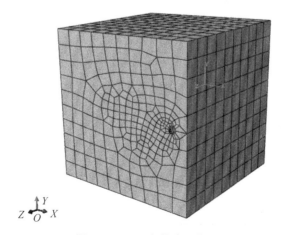

图 3-176　立方体分网结果

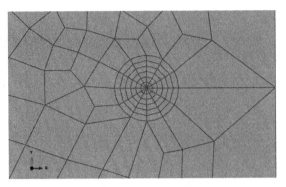

图 3-177　裂尖区域分网结果

单击 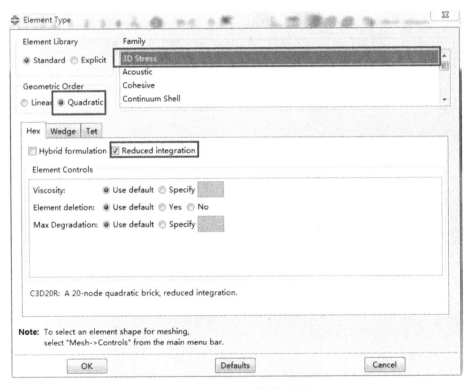（Assign Element Type）按钮，全选模型。选择单元类型为三维应力单元（3D Stress）的二次单元（Quadratic）。形状为六面体（Hex），采用缩减积分，如图 3-178 所示。

图 3-178　设置三维单元类型

6.模型加载

进入 Load 模块，单击 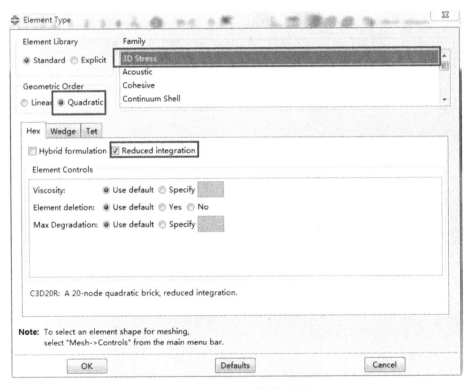（Create Load）按钮，选择载荷类型为"Pressure"，如图 3-179 所示。单击"Continue"，选择立方体的上表面单击中键，弹"出载荷编辑"（Edit Load）对话框，设置载荷大小为-1，其余保持默认，如图 3-180 所示。

用同样的方法在立方体的下表面施加方向相反的载荷。

注：Pressure 的正向为受压方向，负向为受拉方向。

图 3 - 179　选择载荷类型

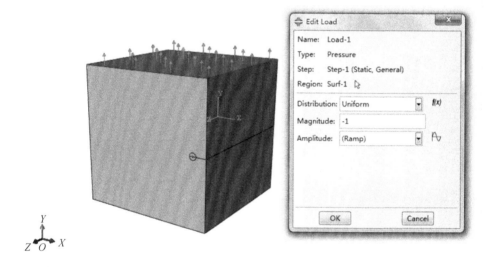

图 3 - 180　设置载荷大小

7. 计算与求解

在 Job 模块中，单击 ![btn](Create Job) 按钮创建工程，全部使用默认设置，并提交任务，查看应力结果，如图 3 - 181 所示。

应力强度因子的求解结果保存在工作日志中。返回 Job 模块，打开 "Job Manager"，选中提交的任务并单击 "Monitor" 按钮，打开 "Data file" 选项卡，在日志的最后列出了 Crack - 1 的应力强度因子、J 积分等参数的计算结果，如图 3 - 182 所示。

由于三维裂纹前缘是一条直线，因此在结果中输出了裂尖直线上每个单元的应力强度因子计算结果。

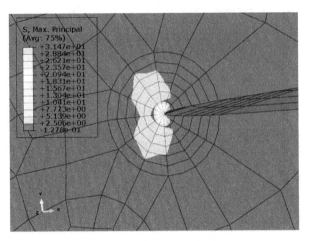

图 3-181 裂纹尖端应力场

```
━ Job-1 Monitor
Job: Job-1 Status: Completed
```

Step	Increment	Att	Severe Discon Iter	Equil Iter	Total Iter	Total Time/Freq	Step Time/LPF
1	1	1	0	1	1	1	1

```
Log  Errors  Warnings  Output  Data File  Message File  Status File
```

```
            K   F A C T O R      E S T I M A T E S

CRACK          CRACKFRONT      C O N T O U R S
NAME           NODE SET
                              1              2              3              4              5


CRACK-1_CRACK-1
        -6-           K1:      3.167          3.164          3.158          3.152          3.147
                      K2:     -2.2145E-02    -2.1185E-02    -2.0318E-02    -1.9554E-02    -1.8974E-02
                      K3:      1.2516E-04     5.8282E-04     1.0084E-03     1.4461E-03     1.9184E-03
        MTS  DIRECTION (DEG):  0.8013         0.7672         0.7372         0.7108         0.6909
                 J from Ks:    1.2585E-04     1.2565E-04     1.2516E-04     1.2469E-04     1.2427E-04

        -7-           K1:      3.234          3.232          3.227          3.221          3.215
                      K2:     -2.1679E-02    -2.0710E-02    -1.9827E-02    -1.9043E-02    -1.8393E-02
                      K3:      1.5742E-03     1.5718E-03     1.5680E-03     1.5645E-03     1.5603E-03
        MTS  DIRECTION (DEG):  0.7680         0.7341         0.7041         0.6775         0.6555
                 J from Ks:    1.3129E-04     1.3114E-04     1.3067E-04     1.3019E-04     1.2974E-04

        -8-           K1:      3.266          3.264          3.258          3.253          3.248
                      K2:     -2.2584E-02    -2.1627E-02    -2.0755E-02    -1.9978E-02    -1.9344E-02
                      K3:      2.2889E-03     2.2877E-03     2.2840E-03     2.2805E-03     2.2787E-03
        MTS  DIRECTION (DEG):  0.7922         0.7591         0.7298         0.7037         0.6825
                 J from Ks:    1.3392E-04     1.3374E-04     1.3326E-04     1.3280E-04     1.3238E-04

        -9-           K1:      3.237          3.235          3.229          3.224          3.218
                      K2:     -2.4087E-02    -2.3135E-02    -2.2270E-02    -2.1491E-02    -2.0874E-02
                      K3:      1.1908E-03     1.1895E-03     1.1872E-03     1.1850E-03     1.1821E-03
        MTS  DIRECTION (DEG):  0.8526         0.8194         0.7901         0.7639         0.7431
                 J from Ks:    1.3152E-04     1.3137E-04     1.3090E-04     1.3043E-04     1.3000E-04

        -10-          K1:      3.231          3.229          3.223          3.218          3.213
                      K2:     -2.3876E-02    -2.2924E-02    -2.2062E-02    -2.1297E-02    -2.0693E-02
                      K3:      5.8886E-04     5.8875E-04     5.8773E-04     5.8678E-04     5.8631E-04
        MTS  DIRECTION (DEG):  0.8465         0.8134         0.7842         0.7583         0.7379
```

```
Search Text
Text to find:                        Match case   Next   Previous
```

图 3-182 三维裂纹应力强度因子结果

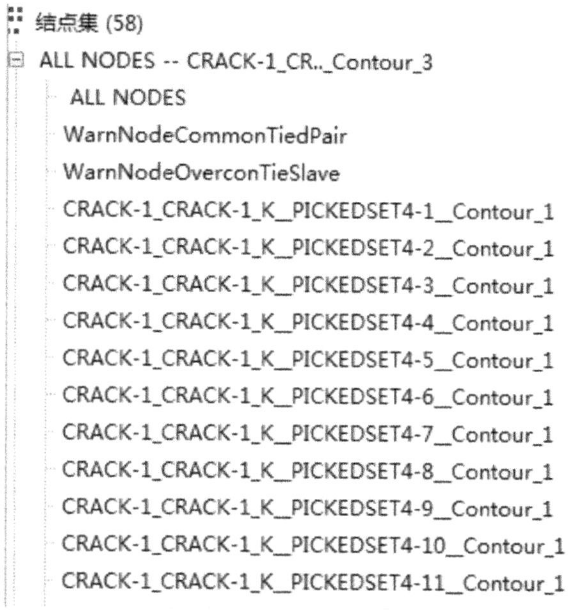

图 3-183　模型树中对应节点

7.结果说明

图 3-183 显示的是裂纹前缘的计算结果,由于三维裂纹前缘是一条直线,本例中前缘直线上的节点有 1~11,图 3-182 显示的是前缘节点 6~10 的相关运算信息,根据图 3-182 中所示节点集可找到模型对应节点编号。第一列中 K1,K2,K3,MTS DIRECTION(DEG),J from Ks 分别代表的是 Ⅰ 型应力强度因子、Ⅱ 型应力强度因子、Ⅲ 型应力强度因子、偏转角度、J 积分。本例中设置围线积分的围线数量(Number of Contour)为 5,所以每一项的输出结果有 5 个。1 代表的是第一圈围线积分所计算出的结果,2 代表的是第一圈和第二圈围线积分所计算出的结果,以此类推。由于越到外面形状越不规则,计算结果也越不精确,所以一般取结果时只取 1 或者 2 的计算结果即可。

3.8　ABAQUS 振动问题

在航空结构中,腹板、翼肋、隔框等都会发生振动。振动在设备故障中占了很大比例,是影响设备安全、稳定运行的重要因素。振动又是设备的"体温计",直接反映了设备健康状况,是设备安全评估的重要指标。

振动会加剧构件的疲劳和磨损,从而缩短结构物的使用寿命,振动还可能引起结构的大变形破坏、飞机机翼的颤振、机轮的抖振等,往往会造成事故。

本案例应用特征值提取法计算飞机壁板的前 30 阶固有频率和振型。

含裂纹的二维壁板尺寸如图 3-184 所示,平板厚 2 mm,上下、左右的两端受到三向约束,试分析壁板的前 30 阶固有频率和振型。

解决这一问题的主要步骤为建立模型、定义材料属性、定义分析步、划分网格、加载、计算、输出结果等。下述将逐步介绍分析过程。

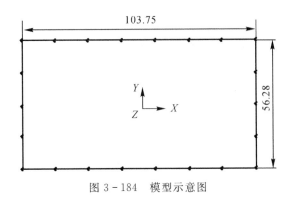

图 3-184　模型示意图

1. 建立模型

启动 ABAQUS/CAE,创建一个新的模型,重命名为"coupling",保存模型为"coupling.cae",如图 3-185 所示。

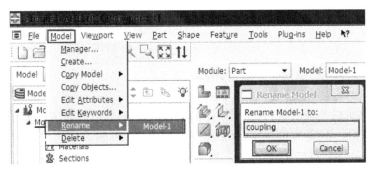

图 3-185　创建新模型

单击工具箱中的"Create Part",创建一个名为"coupling"的"Shell"的"planar",大概尺寸为 200,单击"Continue"按钮进入草图环境,建立模型如图 3-186 所示。

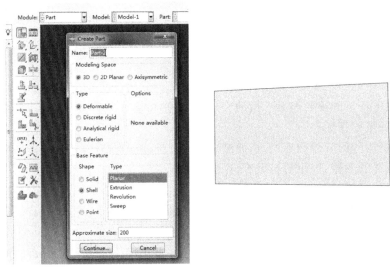

图 3-186　建立模型

2.定义材料属性

双击模型树中的"Materials"（或者将"Module"切换到"Property"，单击"Create Material σ-ε"），打开"Edit Material"对话框，输入材料名称为"Steel"，执行"Mechanical"→"Elasticity"→"Elastic"命令，如图 3-187 所示，定义材料的弹性模量为 2.06e5，泊松比为0.3，执行"General"→"Density"命令，定义材料密度为 7.85e9，单击"OK"按钮完成材料属性的定义。

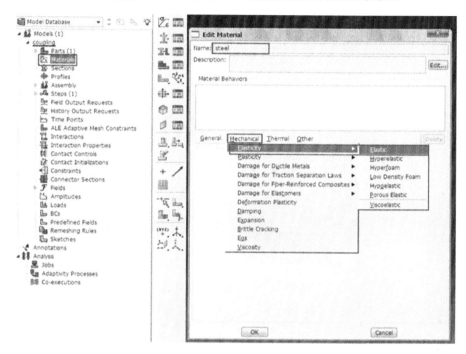

图 3-187　定义材料属性

单击工具栏中的"Create Section"，弹出"Create Section"对话框，输入截面属性名称"Section-coupling"，选择"Shell：Homogeneous"（均匀实体截面），单击"Continue"按钮，弹出"Edit Section"对话框，"Material"选择"Steel"，单击"OK"按钮，完成截面属性的定义，如图 3-188所示。

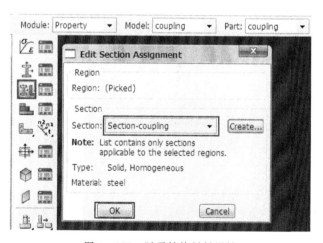

图 3-188　赋予结构材料属性

3.定义分析步

首先进入工具箱中的"Assembly"将"Coupling"导入,再双击模型树中的"Step(1)",弹出"Create Step"对话框,输入分析步名称"Step-Modal",分析步类型"Procedure Type"选择"Linear Perturbation：Frequency,"单击"Continue"按钮,进入"Edit"对话框,输入分析步描述"Description：Modal analysis of a coupling",求解器选择"Lanczos",在"Number of eigenvalues requested"后面选中"Value",并在其后的输入框中输入"30",即需要的特征值数目为30,其他选项接受默认设置,单击"OK"按钮,完成分析步设置,如图3-189所示。

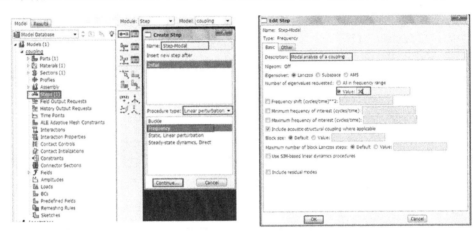

图3-189 设置分析步参数

执行"Output→Field Output Requests"→"Manager"命令,弹出"Field Output Requests Manager"对话框,单击对话框中的"Edit"按钮,弹出"Edit Field Output"对话框,确认"Frequency"后面选中的是"All modes",确认输出变量为"Preselect defaults",单击"OK"按钮,返回"Field Output Requests Manager"对话框,单击对话框中的Dismiss按钮退出对话框,如图3-190所示。

图3-190 设置分析步输出参数

4.定义边界条件

双击模型树中的"BCs",弹出"Create Boundary Condition"对话框,如图 3 - 191 所示。

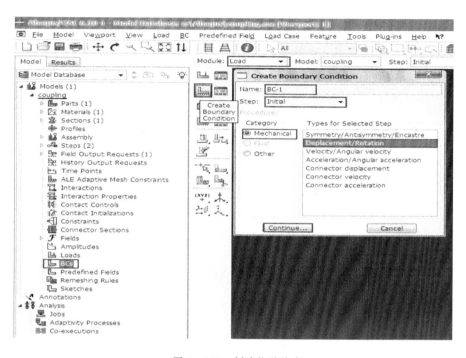

图 3 - 191　创建位移约束

在对话框中选择"Mechanical：Displacement/Rotation",单击"Continue"按钮,在图形窗口中选择四周端面,单击提示区中的"Done"按钮 ,进入"Edit Boundary Condition"对话框,选中"U1""U2""U3"单击"OK"按钮,如图 3 - 192 所示。

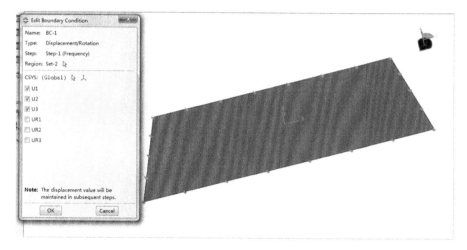

图 3 - 192　设置位移约束参数

5. 划分网格

执行"Mesh"→"Controls"命令,弹出"Mesh Controls"对话框,"Element Shape"栏中选择形状为"Quad-dominated"-"Sweep",其他接受默认设置,单击"OK"按钮,图形窗口中的模型变为黄色,如图 3 - 193 所示。

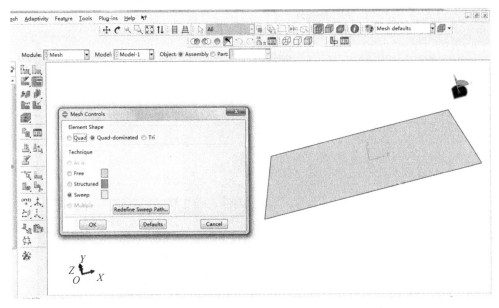

图 3 - 193   设置网格形状

单击工具箱中的"Seed Part",弹出"Global Seeds"对话框,输入"Approximate global size: 1,Deviation factor(0.0<h/L<1.0):0.1",单击"OK"按钮,完成种子的设置。单击"Mesh Part Instance",完成网格划分。

单击工具箱中的"Assign Element Type",弹出"Element Type"对话框,选择线性"Shell"壳单元 S4R,单击"OK"按钮,完成单元类型的选择,如图 3 - 194 所示。

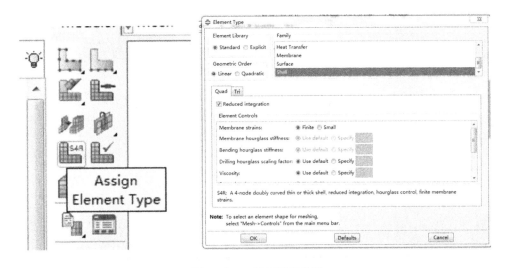

图 3 - 194   设置网格类型

单击工具箱中的"Verify Mesh",框选整个模型,单击提示区中的"Done"按钮,弹出"Verify Mesh"对话框,单击对话框中的"Highlight"按钮,在图形窗口中可以高亮显示符合条件的单元,同时在信息区显示相应的统计信息;在"Type"栏中选择"Analysis ",单击"Highlight"按钮,可以统计显示求解过程中可能出现的错误和警告单元。经验证没有错误和警告单元出现,单击"Dismiss"按钮退出"Verify Mesh"对话框,模型定义完成后的"Coupling"模型树,如图 3 - 195 所示。

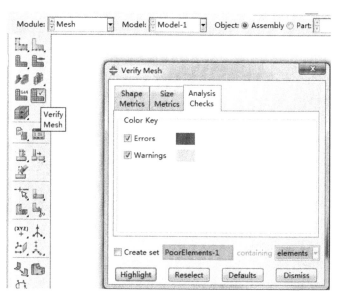

图 3 - 195　检查网格质量

6.提交计算

在环境栏"Module"中进入 Job 模块,单击工具箱中的"Job Manager",在弹出的"Job Manager"对话框中单击"Create"按钮,弹出"Create Job"对话框,输入作业名称"coupling",作业来源于"Model:coupling",单击"Continue"按钮进入"Edit Job"对话框,输入作业描述"Description:Frequency analysis of a coupling",单击"OK"按钮,完成作业定义,如图 3 - 196所示。

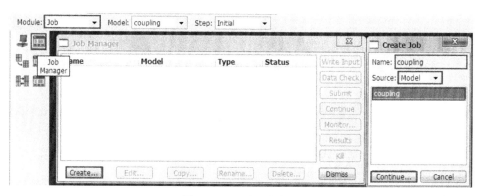

图 3 - 196　设置求解器

执行"Result"→"Field Output"命令,弹出"Field Output"对话框,单击对话框中的"Step"→"Frame"按钮,弹出"Step"→"Frame"对话框,图中显示了模型的各阶频率值,"Step Name"栏中选择"Step-Modal","Frame"栏中选择"Index"为1,单击"Apply"按钮,显示一阶模态,选择"Index"为2,单击"Apply"按钮,显示二阶模态,显示模型的前10阶模态以及12阶、16阶、30阶模态振型图如图3-197~图3-199所示。

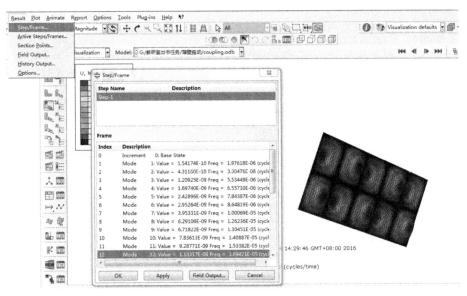

图 3-197 查询计算结果

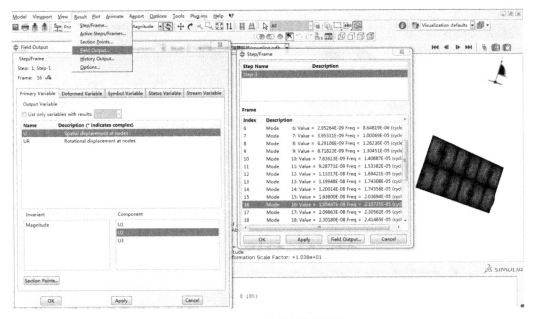

图 3-198 16阶模态计算结果

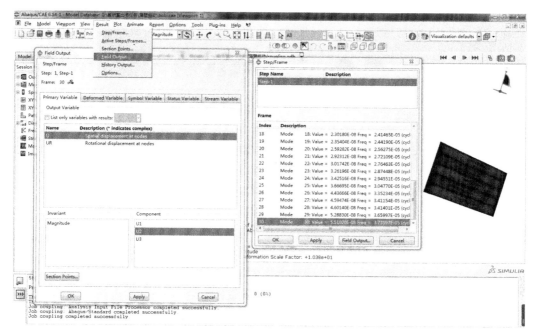

图 3 - 199　30 阶模态计算结果

3.9　DCB 模型研究

双悬臂梁(Double Cantilever Beam,简称 DCB)试验测试 Ⅰ 型分层。分层指层合板铺层之间的材料分离,是复合材料层合板主要的损伤形式之一,其中 Ⅰ 型分层是裂纹扩展基本形式中的张开型。

黏聚区模型法通过在层合板各层之间,或在结构可能发生分层的位置布置内聚力单元(Cohesive Element),当聚力单元在周围其他单元作用下的应力达到界面强度时分层起始,单元进入不可逆的损伤软化阶段;当单元进一步承受载荷,且能量释放率达到临界值时分层损伤扩展。

一、聚力单元建模方法

1.几何模型

使用内聚力模型模拟裂纹的产生和扩展,需要在预计产生裂纹的区域中加入聚力层,可建立完整的结构,然后在上面切割出一个薄层来模拟聚力单元。

2.材料属性

应用聚力单元模拟复合材料失效,包括两种模型:一种是基于 Traction - Separation 描述,另一种是基于连续体描述。其中基于 Traction - Separation 描述应用广泛。

而在基于 Traction - Separation 描述的方法中,最常用的本构模型为图 3 - 200 所示的双线性本构模型。它给出了材料达到强度极限前的线弹性段和材料达到强度极限后的刚度线性降低软化阶段。图中纵坐标为应力,横坐标为位移,因此线弹性段的斜率代表的是聚力单元的刚度。曲线下的面积即为材料断裂时的能量释放率。因此在定义聚力的力学性能时,实际就是要确定上述本构模型的具体形状:包括刚度、极限强度以及临界断裂能量释放率,或者最终失效时单元的位移。常用的定义方法是给定上述参数中的前3项,也就确定了聚力的本构模型。

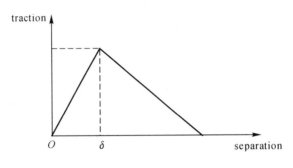

图 3 - 200 本构模型

3. 单元刚度

基于 Traction-Separation 模型的界面单元的刚度可以通过一个简单杆的变形公式来理解

$$\delta = \frac{PL}{AE} \qquad (3-3)$$

其中 L 为杆长,E 为弹性刚度,A 为初始截面积,P 为载荷。式(3-3)又可以写成

$$\delta = \frac{S}{K} \qquad (3-4)$$

其中,$S = P/A$ 为名义应力,$K = E/L$ 为材料的刚度。

为了更好的理解 K,我们把 $K = E/L$ 写成

$$K = \frac{E}{L} = \frac{E/L}{1} = \frac{E/L}{L'} \qquad (3-5)$$

这里用 L' 来代替 1,其中 L 可以理解为建模厚度,即建模时 cohesive interface 的几何厚度;L' 为实际厚度,即 cohesive interface 的真实厚度,这个厚度在 cohesive section 中定义。E/L 可以理解为几何刚度,即模型中 cohesive interface 所具有的刚度;$\frac{E/L}{L'}$ 为 cohesive interface 的真实刚度。

4. 损伤准则

(1)初始损伤准则。初始损伤对应于材料开始退化,当应力和应变满足于定义的初始临界损伤准则,则此时退化开始。ABAQUS 的 Damage for traction separation Laws 中包括:Quade Damage,Maxe Damage,Quads Damage,Maxs Damage,Maxpe Damage,Maxs Damage 6 种初始损伤准则,其中前 4 种用于一般复合材料分层模拟,后两种主要在扩展有限元模拟不连续体问题时使用。

(2)损伤演变规律。Damage Evolution 中所有的选项都是用来确定单元达到强度极限以后的刚度降阶方式。其中 Type 包括 Displacement 和 Energy,Displacement 为基于位移损伤演化规律,而 Energy 为基于能量的损伤演化规律。Softening 中包括 Linear,Exponential 及 Tabular 三种刚度降阶方式。一般常用:以能量来控制单元的退化,Type 选为 Energy,为基于

能量的损伤演化规律。线性软化模型，即 Softening：Linear，Degradation：Maximum；Mixed mode behavior：BK，Mode mix ratio：Energy，并选中 Power。

二、问题描述及解决

问题的描述：

试件结构如图 3 - 201 所示，上、下部分是单层材料为 T700/QYS911 的悬臂梁厚度为 1.44mm，中间为 J - 11b 的胶层，厚度为 0.12mm。预置 50mm 的裂纹，加载点在距裂纹尖端 25mm 处，施加拉伸位移约束 10mm，下端对应位置固定 X,Y,Z 三个方向的约束。用该试件模拟复合材料层合板 I 型分层状态。对比 ABAQUS 模拟试件失效的载荷-位移曲线与试验的载荷-位移曲线。

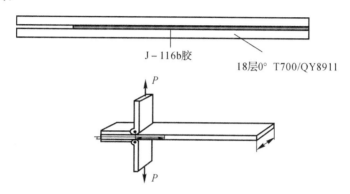

图 3 - 201　DCB 简化模型

具体材料参数见表 3 - 3 和表 3 - 4。

表 3 - 3　T700/QY8911 的单层材料属性

0°拉伸模量	90°拉伸模量	±45°面内剪切模量	主泊松比
135GPa	9.12GPa	4.47GPa	0.328

表 3 - 4　胶层材料

刚　度	法向 Kn＝3 000 000 MPa/mm	切向 Ks＝1，50 000 MPa/mm
强度	法向 49MPa	切向 98.2MPa
断裂韧性	GI＝0.265mJ/mm2	GII＝1.679mJ/mm2

其中，Power Law 准则中指数为 1.25。

解决这一问题的主要步骤为建立模型，创建材料和截面属性，定义装配件，设置分析步，定义边界条件，划分网格，提交分析作业和后处理。

1. 建立模型

(1)创建部件。选择形状为"Solid"，类型为"Extrusion"，进入草图界面。在草图界面绘制矩形，如图 3 - 202 所示，拉伸 3mm。

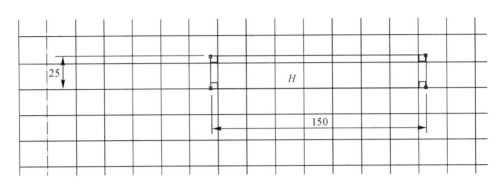

图 3 - 202　模型草图

(2)分割模型。

1)分割胶层。绘制要切割的胶层区域大小,草图如图 3 - 203 所示。

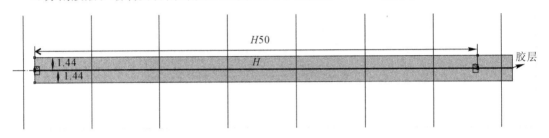

图 3 - 203　分割胶层

2)分割悬臂梁。将上、下悬臂梁各分为 3 部分。将"Type"选为"Face","Method"选为"Sketch"。点击视图中的悬臂梁侧面进入平面图,绘制草图,如图 3 - 204 所示。

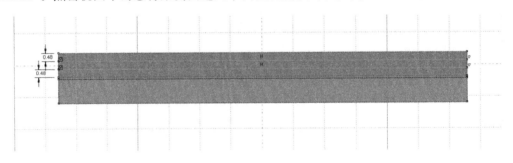

图 3 - 204　分割层合板

(3)定义边界条件加载边。

"Type"选为"Face","Method"选为"Sketch"。选中视图中悬臂梁的上、下表面,绘制如图 3 - 205 所示的加载边。

DCB 模型如图 3 - 206 所示。

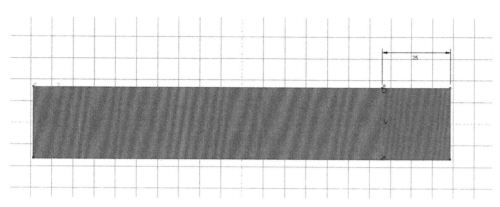

图 3 - 205　边界条件加载边

图 3 - 206　DCB 实体模型

2. 创建材料和截面属性

(1)创建 Composite 材料。

创建 Composite 材料,添加 Elastic 属性,"Type"为"Engineering constants",并设置参数,如图 3 - 207 所示。

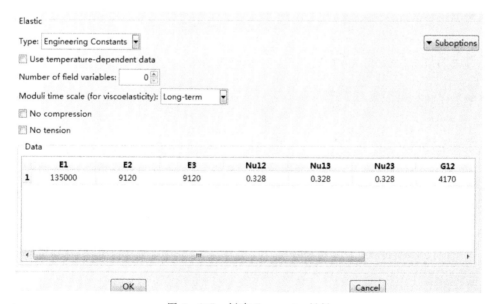

图 3 - 207　创建 Composite 材料

（2）创建 Cohesive 材料。

1）添加 Elastic 属性。"Type"选为"Traction"，并设置参数，如图 3－208 所示。

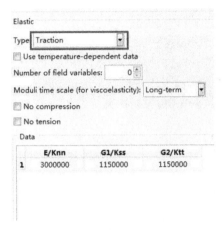

图 3－208　添加 Elastic 属性

2）设置 Quads Damage（二次名义应力准则）参数。

该例选择 Quads Damage：当各个方向的名义应变比的平方和等于 1 时，损伤开始。在对话框中输入胶体材料的极限强度，具体参数如图 3－209 所示。

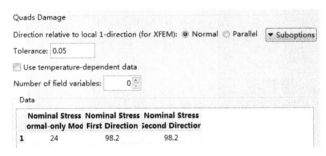

图－209　定义初始损伤准则

3）设置 Damage Evolution 参数。具体参数设置如图 3－210 所示。

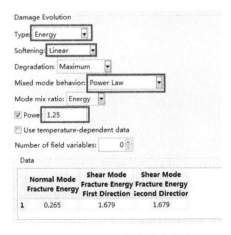

图 3－210　设置损伤演化规律

（3）创建截面属性。

"Category" 选 择 "Other"，"Type" 选 为 "Cohesive"，"Material" 选 择 "Cohesive"，"Response"选择"Traction Separation"，"Initial thickness"设置为 1mm，如图 3 - 211 所示。

图 3 - 211　设置截面属性

（4）给部件赋予截面属性。点击视图中的胶层部分给部件赋予截面属性。

（5）复合材料铺层。此例将上、下悬臂梁各分为 3 部分，每部分铺 0 度的复合材料 6 层。

1）创建铺层。"Initial ply count"设为 6，"Element Type"选择"Solid"。

2）编辑铺层信息：在"Edit Composite Layup"中，如图 3 - 212 所示，"Region"选中层合板分割的第一部分，"Material"选择"Composite"，"Element Relative Thickness"设置为 0.08mm。

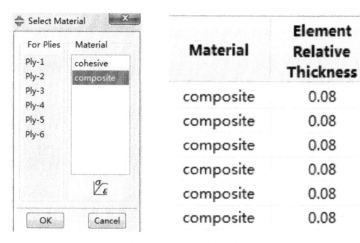

图 3 - 212　编辑铺层信息

注：可以通过点击每一层的 Region 来确定各层的铺层区域，若各层铺层区域相同，可通过点击最上方的 region 统一确定，Material 等设置都可采用同样的方法。

3）建立局部坐标系。在每一次铺层中可建立新的局部坐标系以保证铺层方向是准确的，而铺层的角度也会随着所选择的坐标系的不同而发生变化。点击"CSYS"，单击按钮建立局部坐标系。其中"Coordinate System Type"中选择"Rectangular"，依次确定原点，X 轴，XY 平面，如图 3 - 213 所示。

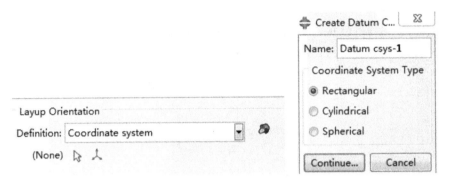

图 3-213　创建局部坐标系

4）设置铺层角度。选中局部坐标系，单击"Rotation Angle"，根据选定的坐标系设置铺层角度为 0 degree，如图 3-214。

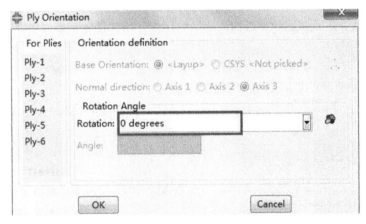

图 3-214　设置铺层角度

5）显示铺层结果：在主菜单中选择"Tools"→"Query"，在"Property Module Queries"中选择"Ply stack plot"，选中视图区中的悬臂梁区域，即可显示出悬臂梁的铺层情况，如图 3-215 所示。

3.定义装配件

接受默认参数"Instance Type：Dependent(Mesh on Part)"，即类型为非独立网格。

4.设置分析步

创建一个分析步用来定义施加在悬臂梁上的 10mm 拉伸位移约束。

（1）创建分析步。其余参数保持默认值（Procedure Type：General；选中"Static，General"），点击"Basic"标签，模型中存在大的位移，应设置几何非线性参数"Nlgeom"为"On"。设置"Increment size：Initial"为 0.001，设置"Maximum number of increment"为"10000"。

（2）设置场变量输出结果。在主菜单中选择"Output"→"Field Output Requests"→"Manager"，设置输出变量：应力 S，位移 U，支反力 RF，破坏 SDEG。

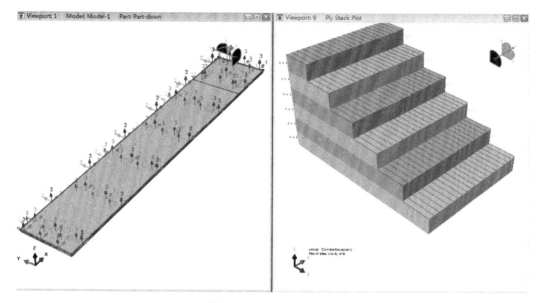

图 3-215　显示铺层结果

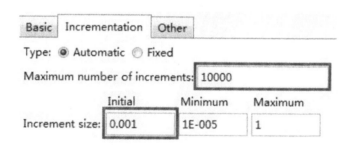

图 3-216　设置分析步

5.定义边界条件

（1）定义边界条件。"Category"选择"Mechanical""Type for selected step"选择"Displacement/Rotation"，选中视图区中悬臂梁施加边界条件的区域，约束 U1,U2,U3 三个方向的位移。

（2）定义拉伸位移约束。选中视图区中悬臂梁施加拉伸位移约束的区域，约束 U3 方向的位移为 10mm，如图 3-217 所示。

6.划分网格

在窗口顶部的环境栏中把 Object 改为 Part:DCB，即为部件 DCB 划分网格。此例对悬臂梁和胶层划分不同类型的网格，层合板选用 C3D8I(8 节点六面体线性非协调模式单元)，胶层选用 COH3D8(8 节点六面体三维线性胶层单元)，网格大小均设为 1mm。

（1）划分层合板网格。

1)设置全局种子。将"Approximate global size"设置为 1mm。

2)设置网格控制参数。选中悬臂梁，将"Techniques"设为"Structured"，其余参数保持默认值。

3)设置层合板单元类型。设置悬臂梁单元类型,选中视图区中悬臂梁区域,"Geometric order"选为"Linear","Family"选为 3D stress,在"Hex"栏下选中"Incompatible modes",如图 3-21 所示。

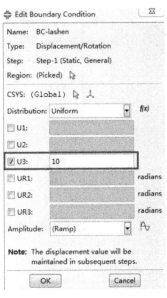

图 3-217　定义拉伸位移约束

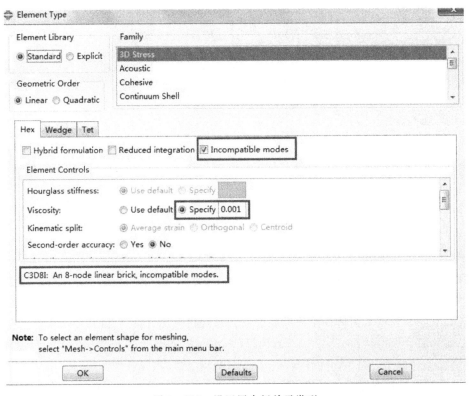

图 3-218　设置层合板单元类型

（2）划分胶层网格。

1）设置全局种子。将"Approximate global size"设置为 1mm。

注：聚力单元的网格尺寸不能太大，通常需要比较精细的网格，不然容易引起收敛性的问题，甚至无法计算。

2）设置网格控制参数。选中胶层，聚力单元必须采用扫掠法，将"Techniques"设为"Sweep"，其余参数保持不变。

注：聚力单元必须使用 Sweep 方式划分网格，并且需定义扫掠方向垂直于聚力面，即沿着聚力单元的厚度方向。

3）设置胶层单元类型。设置胶层单元类型，选中视图区中胶层区域，"Family"选为"cohesive"，在"Hex"栏下设置"Viscosity"（黏性系数）为 0.0001，将"Max Degradation"设为 1，当"Max Degradation"为 1 时，胶层发生破坏，如图 3－219 所示。

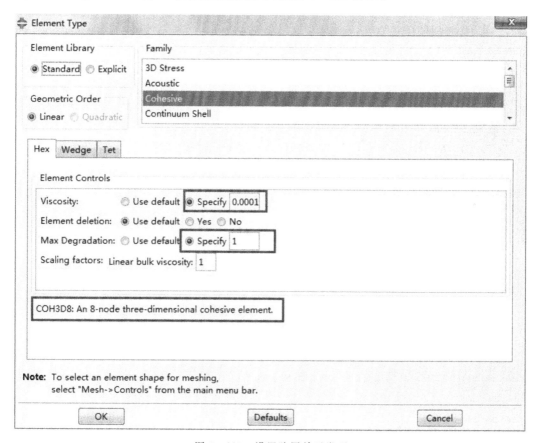

图 3－219　设置胶层单元类型

注：设置黏性系数来改善收敛性，且系数不能设置太大，一般设置为 0.0001，不然会影响计算结果，因为设置黏性相当于增大了临界断裂能释放率。

7．提交分析作业

（1）创建分析作业。各参数保持默认值，并提交任务。

（2）提交分析。在"Job Manager"对话框中点击"Submit"提交分析，当"Status"变为

"Completed",表示对模型的分析已经成功完成。点击"Results",自动进入 Visualization 模块,应力结果如图 3-220 所示,位移图如图 3-221 所示。

图 3-220　DCB 应力图

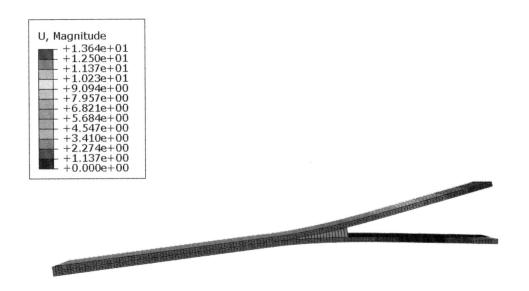

图 3-221　DCB 位移图

8.输出载荷-位移曲线

通过对比 ABAQUS 模拟得出的载荷-位移曲线与实验得出的载荷-位移可知,用 ABAQUS 模拟的 DCB 模型,输出的载荷-位移曲线与试验载荷-位移曲吻合良好,说明可利用 ABAQUS 建立有限元模型,对复合材料胶层失效进行分析,如图 3-222 所示。

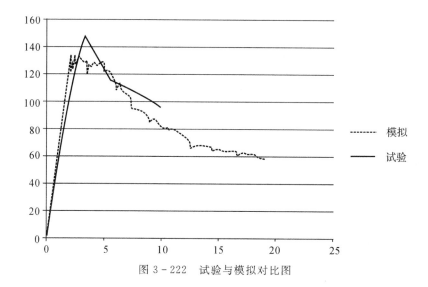

图 3 - 222　试验与模拟对比图

第4章 静力分析——机翼结构初步分析

4.1 问 题 描 述

铝合金材料是航空结构中最常用的金属材料。在复合材料得到广泛应用之前,大部分飞机结构均采用航空铝合金材料。本章将详细介绍金属整体机翼结构在 ABAQUS 有限元软件中的静力分析过程。

如图 4-1 所示,机翼结构包括蒙皮、翼肋、翼梁及长桁等。机翼采用 NACA2412 翼型,为减小计算量,算例采用缩比模型。机翼根肋弦长为 200mm,翼稍弦长设置为 100mm,翼展为 400mm,翼肋在翼展方向上平均分布,肋间距取 100mm。机翼为后掠翼,其后掠角设置为 5°。机翼模型尺寸示意图如图 4-2 所示。

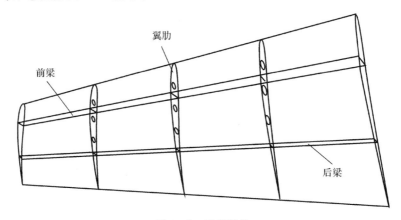

图 4-1 机翼结构

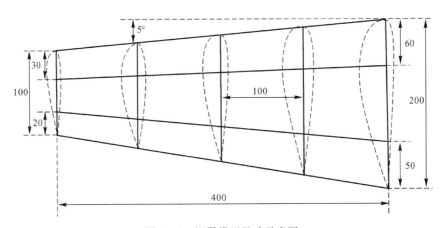

图 4-2 机翼模型尺寸示意图

蒙皮通过承剪的形式抵抗机翼扭转,翼肋的主要作用为保持机翼的气动外形并将气动力传递到翼梁处。翼梁作为主要承力构件承载轴向及弯曲载荷,如图 4-3 所示。

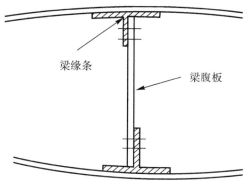

图 4-3　翼梁结构示意图

翼梁结构有很多种类型,本文模型采用上图所示的 T 形缘条、腹板型式。本章模型中,机翼蒙皮、梁腹板及翼肋腹板采用 7075 铝合金材料,梁缘条采用 LY12 硬铝合金。其具体参数见表 4-1。

表 4-1　材料属性列表

材　　料	拉伸模量/MPa	剪切模量/MPa	泊松比	密度/(kg・m^{-3})
7075-T7451	69 000	27 000	0.33	2 820
LY12	68 000	26 000	0.33	2 800

4.2　有限元模型的建立

利用 CATIA 软件建立机翼结构,在 Part 模块中导入机翼模型,如图 4-4 所示。

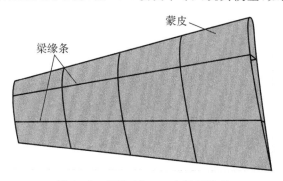

图 4-4　机翼 Abaqus 有限元模型

有限元分析过程中,蒙皮经常被认为处于平面应力状态(薄壁问题)。翼梁包括梁腹板和缘条两部分,腹板为薄壁结构,只承受剪力载荷,缘条承受轴向载荷。图 4-4 中标注的边线即为梁缘条处,本模型利用梁单元模拟梁缘条。

1. 梁单元简介

当结构一个方向上的尺寸明显大于其他两个方向，并且沿长度方向的应力最重要时，可以用梁单元模拟。ABAQUS 梁单元假设在变形中垂直于梁截面的平截面保持为平面。

2. 梁单元横截面的设定

ABAQUS 提供了多种常用的横截面，用户可自由选择并定义梁的几何轮廓。具体定义方法将在下一节中介绍。

用户必须在整体坐标系中定义梁横截面的方向。如图 4-5 所示，从梁单元的第一个节点到下一个节点的矢量被定义为沿着梁单元的局部切线 t，梁的横截面垂直于这个局部切线矢量。矢量 n_1 和 n_2 代表了局部(1—2)梁截面轴。各矢量的定义方法将在下一节中介绍。

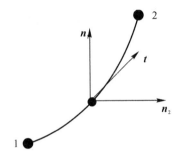

图 4-5　梁单元

本模型中，模拟梁缘条的梁单元与模拟蒙皮的壳单元应用相同的节点。但是这样会导致梁截面与蒙皮发生重叠，为了避免这一情况的发生，ABAQUS 可通过设置梁截面局部坐标系原点的位置进行梁截面的偏移，如图 4-6 所示。

图 4-6　偏移示意图

4.3　材料属性设置

进入 Property 模块，在主菜单中选择"Material"→"Create"或点击"Create Material"按钮，创建一个新材料的定义并赋予材料弹性属性，如图 4-7 所示。

在主菜单中选择"Section"→"Create"或点击"Create Section"按钮定义新的截面属性，选择"Shell"→"Homogeneous"并单击"Continue"。在弹出的"Edit Section"对话框中接受"Material-1"作为材料属性，"Basic"选项卡中的"Shell thickness"选择"Value"(固定值)并设定为 2，如图 4-8 所示。

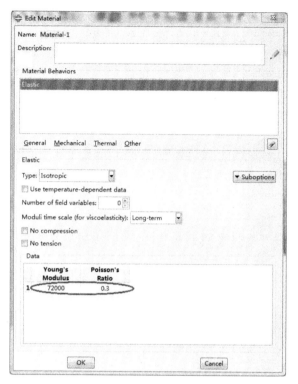

图 4-7　定义材料属性

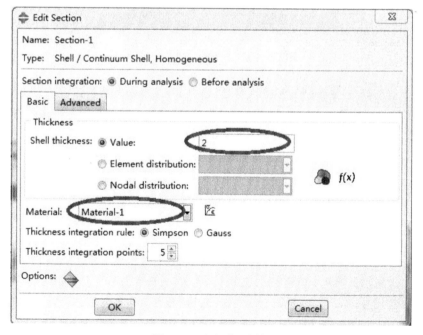

图 4-8　定义截面属性

点击"Assign Section"按钮,将截面属性赋予整个模型。下面介绍梁缘条的定义方法。

在主菜单中选择"Special"→"Stringer"→"Create"或直接点击"Create Stringer"按钮,选择图 4-4 梁缘条(红色标记边线),单击左下角"Done"按钮完成梁缘条的指定。

在主菜单中选择"Profile"→"Create"或直接点击"Create Profile"按钮,在弹出的"Create Profile"对话框中"Shape"选择"T"并单击"Continue"按钮。在弹出的"Edit Profile"对话框中输入如图 4-9 所示的参数,点击 OK 按钮完成梁截面的外形定义。

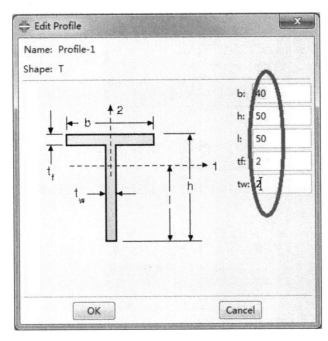

图 4-9   定义梁截面

在主菜单中选择"Section"→"Create"或点击"Create Section"按钮建立新的截面属性,选择"Beam"→"Beam"并单击"Continue"。在弹出的"Edit Section"对话框中接受"Profile-1"作为梁截面,接受"Material-1"作为材料属性,单击"OK",如图 4-10 所示。

点击"Assign Section"按钮,将梁截面属性"Section-2"赋予之前指定为翼梁缘条的边界线。

从主菜单中选择"Assign"→"Beam Section Orientation",为梁缘条指定一个近似的 n_1 矢量,该矢量必须近似正交于梁腹板平面。又考虑梁截面的方向性,上翼面梁缘条取 $n_1 = (0, 1, 0)$,下翼面取 $n_1 = (0, -1, 0)$。

从主菜单中选择"Assign"→"Tangent",指定梁缘条的切线方向。必要时翻转方向,显示结果如图 4-11 所示。

以上是材料属性的设置,完成后进入 Assemble 模块,定义装配体。由于只有一个 Part,在此不再赘述。

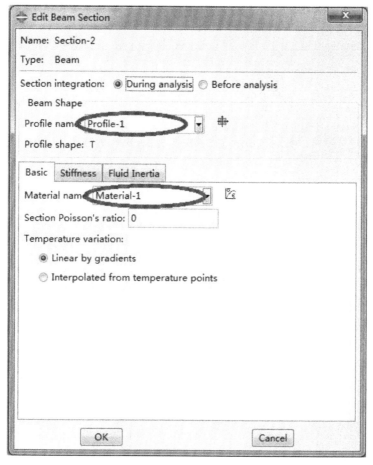

图 4-10　定义梁截面属性

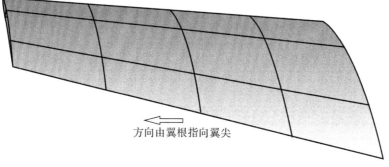

方向由翼根指向翼尖

图 4-11　梁缘条切线方向

4.4　边　界　处　理

为简化计算,该模型考虑翼根处固定,翼尖处受向上的拉力,先定义耦合:

进入 Interaction 模块,从主菜单中选择"Constraint"→"Create",在弹出的"Create

Constraint"对话框中选择"Coupling",单击"Continue"。"Control Point"选择参考点,"Surface"选择整个翼尖截面,单击"OK"完成耦合定义,如图 4 – 12 所示。

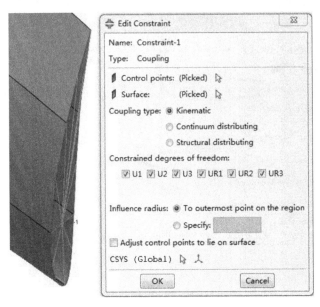

图 4 – 12 翼尖截面耦合定义

进入 Step 模块,新建"Static,General"静力学分析步"Step – 1"。

进入 Load 模块,翼尖参考点处施加垂直向上的集中力,大小为(0,0,100)。翼根处固定,结果如图 4 – 13 所示。

图 4 – 13 边界条件示意图

4.5 网 格 划 分

进入 Mesh 模块,蒙皮选用 S8R 单元,翼肋及翼梁选用 S4R 单元,缘条选用 B31 单元。选择合适的单元尺寸进行划分,划分完成后有限元模型如图 4 – 14 所示,高亮部分为梁缘条。

4.6 求解及结果显示

进入 Job 模块建立 Job – 1,开始计算分析,应力云图结果如图 4 – 15 所示,位移云图结果如图 4 – 16 所示。可见,梁缘条承受了主要轴向载荷。

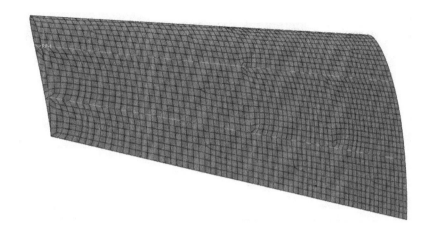

图 4 - 14　有限元模型

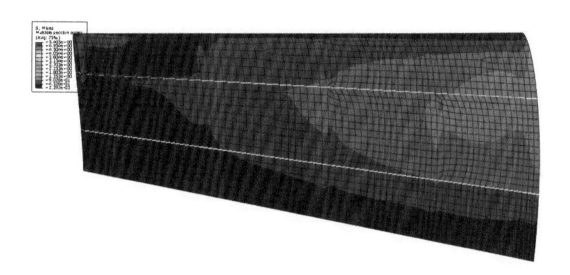

图 4 - 15　Mises 应力云图

图 4 - 16　位移云图

第5章 静力分析——机翼结构精细有限元

5.1 精细化问题

有限元精细化设计是现在飞机结构分析的一个发展方向。随着有限元技术及计算机技术的发展,对飞机结构的分析要求越来越真实、精确;另外,国内外航空市场的竞争,要求在飞机研制过程中既保证质量,又要控制周期。有限元精细化设计就是在设计及生产过程中处理各种问题快速有效的工具。这里以第4章的机翼结构为例介绍有限元精细化设计在机身结构分析中的应用。

本章将首先介绍有限元精细化的基本分析方法,通过具体的例子,对有限元精细化进行详细的说明介绍。图5-1所示为整机有限元模型。

图5-1 整机有限元模型

5.2 航空结构有限元的特点

对于航空结构,由于构造的复杂性以及载荷的多样性,所以在进行有限元分析时主要存在以下特点。

(1)飞机结构的复杂性决定了整机有限元简化的高度概括性;

(2)模型简化的方法不仅取决于结构的特点,而且受制于强度校核方法的要求;

(3)大量的模型简化对分析人员的经验提出了很高的要求,也严重地制约了模型的适用范围;

(4)非典型结构的有限元简化存在不确定性;

(5)线性分析难以满足现代高复杂度结构对高精度分析的要求。

基于以上特点,为了进行合理的简化以及得到更为精确的分析结果,对结构进行有限元精细化分析就显得十分必要。

5.3　实例分析

从下述实例中,读者可以学习如何对航空结构进行有限元精细化分析,从而进行分析运算。问题描述如下:

机翼模型取自第 4 章的模型,具体几何尺寸和材料与第 4 章相同。将结构细节全部还原,即将翼梁与蒙皮、翼肋与蒙皮通过铆钉相连的铆钉全部建出,对细节化的模型进行分析。

1. Part 模块

根据图纸,在 CATIA 中建立实体模型,建立的实体构件有蒙皮、前梁、后梁以及 6 个翼肋,其中蒙皮厚度为 2 mm,前梁及后梁的厚度为 5 mm,翼肋的厚度为 2 mm,将每个具体部件保存为 STP 文件,然后一一导入 ABAQUS 中。

打开 ABAQUS,选择菜单栏中"File"→"Import"→"Part",然后在相应文件夹中选择在 CATIA 中建立的 STP 文件,将它们分别导入。在 Part 模式中就可以看到刚刚导入的实体构件。

2. Property 模块:

点击 按钮,分别创建 3 种不同类型的弹性材料:①创建 $E = 72\ 000$MPa, $\mu = 0.31$ 的弹性材料 LU2024 – T351;②创建 $E = 69\ 000$MPa, $\mu = 0.33$ 的弹性材料 LU7075 – T7451;③创建 $E = 71\ 000$MPa, $\mu = 0.33$ 的弹性材料 LY12。

点击 按钮,为翼肋创建截面,"Category"选择"Solid","Type"选择"Homogeneous",点击"Continue","Material"选择之前创建的材料属性"LU2024 – T351",点击"OK"。然后以相同的方式为蒙皮创建截面,材料属性为"LU7075 – T7451",以及为前梁和后梁创建截面,材料属性为 LY12。

点击 按钮,分别将刚才创立的截面属性赋予建好的蒙皮、前梁、后梁以及翼肋结构。

3. Assembly 模块

点击 按钮,连续导入创建好的实体结构,按照问题描述中的装配关系将部件组合完毕,完成后如图 5 - 2 所示。

4. Step 模块:

点击 按钮,"Procedure type"选择"General"中的"Static,General",点击"Continue",再点击"OK",完成分析步的设定。

5. Interaction 模块

模拟铆钉关键在此步完成,下面将简单介绍如何建立连接单元模拟铆钉。

当要模拟铆钉连接时,ABAQUS 提供了一种很方便的点对点连接方式,它的设定可以独立于 Node 之外,我们称之为 Fasteners。Fasteners 可以搭配各式 Connector elements 使用,在 Connector elements 上可以设定扭转、平动等连接特性,刚度、阻尼等力学特性,以及连接的破坏准则。

建立 Fasteners 的方式可分为 Point-based 和 Discrete 两种。Point-based 的方式适用于模型中存在大量铆钉,Point-based 方式可以自动地搜寻待建立连接关系的两个面;Discrete 方式需要手动指定 Fasteners 的具体位置,定义完毕后,可以在前处理中看到 Fasteners 的位置、Coupling 影响范围以及所使用的 Connector elements 种类。创建 Attachment Point 后的模型图如图 5-3 所示。

图 5-2　装配示意图

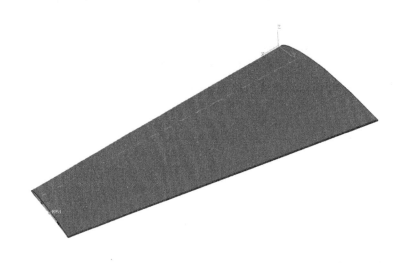

图 5-3　创建完 Attachment Point 后的模型图

创建 Fastener 的方法有两种,分别为 Point-based 的方式和 Discrete 方式,这里采用 Point-based 的方式来创建。

(1)Point-based 的方式:

点击 按钮,选择 Point-based,再选取所有 Attachment Point。

在 Domain 选项卡里,选择"Whole model"进行分析,其余保持默认;

在 Criteria 选项卡里,选择 Face-to-Face 的连接方式;"Search radius"表示以选定的 Attachment Point 为中心,搜索铆接在一起的面的范围,通常选择默认,这样 ABAQUS 会根据结构尺寸、距离判定两个面是否应该铆接在一起;"Maximum layers for projection"表示搜索时穿透几层结构,通过控制层数可以实现多层蒙皮有选择的铆接在一起,这里选择"all",即全部穿过。

在 Property 选项卡里,Physical radius 表示铆钉半径,本例定义为 2.5mm;"Additional mass"表示铆钉质量,本例不需要做相关分析,设置为 0;"Section"中,在"Connector section"中选择按照之前方法建立的 Planar 连接属性,刚度值定义为 30 000N/mm,注意在"Connector Orientation"1 中选择一个坐标系,满足 1 方向垂直于平面,2,3 方向在平面内(如果整体坐标系不满足,需建立局部坐标系做补充)。

在 Formulation 选项卡中,全部选择默认。

在 Adjust 选项卡中,全部保持默认如图 5-4 所示。

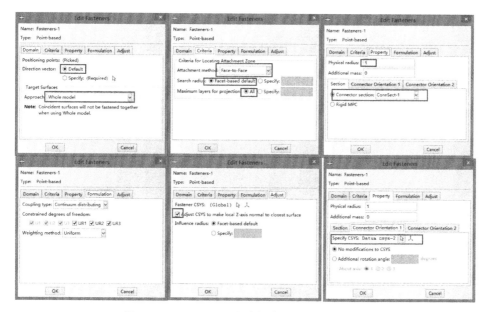

图 5-4　Point based 方式创建 Fasteners 示意图

ABAQUS 中 Fasteners 的所有上述定义都是基于总体坐标的,要求 z 轴(3 轴)必须与面垂直,勾选"Adjust CSYS to make Z-axis normal to closest surface"可以保证坐标系方向自动匹配而不用另定义坐标系。点击"OK"完成 Point-based 方式建立 Fasteners,如图 5-5 所示。

为了加载时方便,在机翼一段创建参考点,然后与其他部位进行耦合,具操作如下所示:点击 x_r^{RP} 按钮,在机翼一段选取下端中点建立参考点,然后点击 按钮,选取耦合的,然后拾取对应的表面,完成后效果如图 5-6 所示。

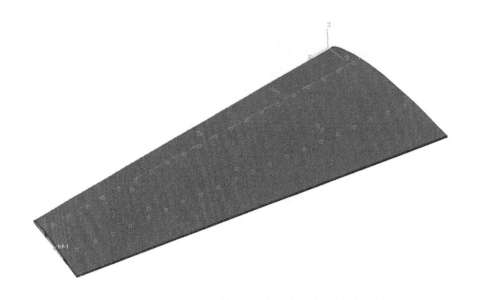

图 5 - 5　Point-based 方式建立 Fasteners 效果图

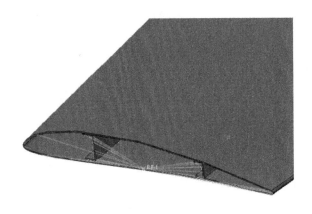

图 5 - 6　耦合示意图

6. Load 模块

点击 ![按钮] 按钮,在一层壁板的一侧,选取建立的耦合点,施加 100N/mm 的集中力载荷,方向为竖直向上。点击 ![按钮] 按钮,在另一侧做固支处理,如图 5 - 7 所示。

7. Mesh 模块

点击 ![按钮] 按钮,设置蒙皮网格密度为 50mm(可适当加粗网格以提高运算速度),单元类型选择十节点二次四面体单元 C3D10 单元。设置梁的网格密度为 20mm,单元类型选择十节点二次四面体单元 C3D10 单元。设置翼肋的网格密度为 12mm,单元类型选择十节点二次四面体单元 C3D10 单元。点击 ![按钮] 按钮完成网格划分,如图 5 - 8 所示。

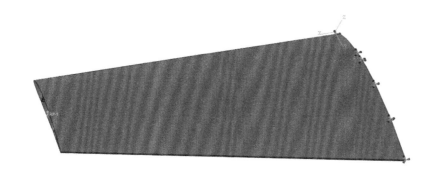

图 5-7 载荷及边界条件示意图

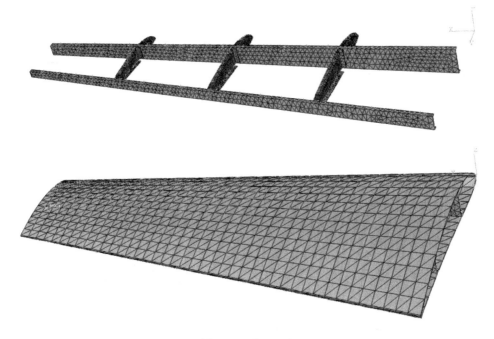

图 5-8 分网示意图

回到 Step 模块,点击 <img>(Creat History Output)按钮,"Domain"选择 Fasteners,并选择对应建立的 Fasteners,并输出"Total force and moment"以获取钉载,如图 5-9 所示。

8.Job 模块

在 Job 模块里提交作业,计算完成后,点击"Result",在"Visualization"模块里可以看到计算结果。由于结构简单,分网相同,两种方式建立的 Fasteners 计算出的结果完全相同,如图 5-10所示。钉载可以在对应历史输出中查询得到。

位移云图如图 5-11 所示。

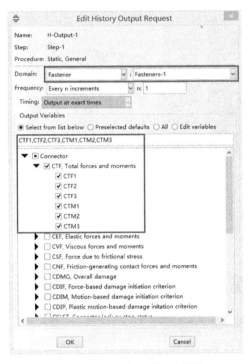

图 5 - 9　历史输出设置示意图

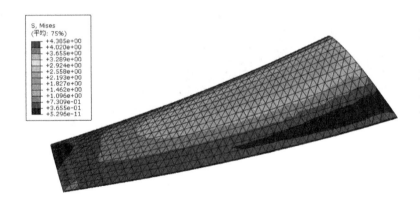

图 5 - 10　计算结果示意图

图 5 - 11　位移云图

第6章 复合材料机翼结构静力分析

6.1 问题的描述

本章详细讲解一个复合材料机翼结构的静力分析实例。复合材料机翼采用 USN125B 预浸料以及 71IG/IGF 泡沫芯材,材料属性见表 6-1,机翼铺层顺序及铺层信息见表 6-2,图 6-1。该复合材料机翼结构受力情况如图 6-2 所示,简化机翼有限元模型,对其定义位移约束,输出曲线位移载荷,分析该机翼结构的极限载荷。

表 6-1 USN125B 与 71IG/IGF 材料属性

USN125B 预浸料	E1	E2	E3	υ12	G12	G23
	140GPa	7.1GPa	7.1GPa	0.3	4.1GPa	2.5 GPa
	Xt	Xc	Yt	Yc	S	厚度
	1 384.7MPa	710.6MPa	22.3MPa	95MPa	62.52MPa	0.122mm
71IG/IGF 泡沫	E	υ	Tensile Strength	Compressive Strength	Shear Strength	密度
	92MPa	0.29	2.8MPa	1.5MPa	1.3MPa	$75kg \cdot m^{-3}$

表 6-2 机翼的铺层顺序

区　　域		铺层形式
前部翼盒	上翼面	[04/-45/04/45/90/-45/04/04/-45/04/45/03/-45/90/45/04/-45/0/45/-45]T
	下翼面	[04/-45/04/45/03/-45/90/45/04/-45/0/45/-45] T
中部翼盒	上翼面	[45/0/-45/90/45/04/-45/0/45/-45] T
	下翼面	[45/-45/90/45/04/-45/0/45/-45] T
前缘		[-452/02/452/02/-452/90/452/04/-452/0/452/-452/0/-452/0/452/-452] T
前梁		[-45/0/45/0/45/0/45/0/-453/452] T
后梁		[45/-45/90/45/03] T
其余地方		[0/-45/0/45/-45]T

注:铺层方式按照从左到右的顺序,从里到外铺设

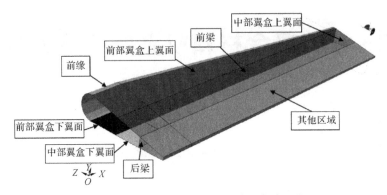

图 6-1 机翼有限元模型各个区域的名称及位置

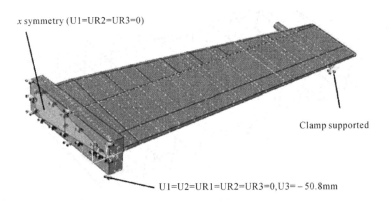

图 6-2 复合材料机翼结构受力

解决这一问题主要分为:模型简化,创建材料和截面属性,定义装配件,设置分析步,定义接触,定义边界条件,划分网格,提交作业分析和后处理。

6.2 模型简化

由于机翼是对称结构,取机翼的1/2建立模型。这里简化机翼模型,忽略翼梢小翼部分,取主承力结构作为分析对象,因为完整机翼模型的模拟结果与主承力结构的分析结果近似相同。机翼的主承力段定义为从机翼的对称面开始,向两侧延伸302mm。简化模型的部件图分别如图6-3～图6-6所示。

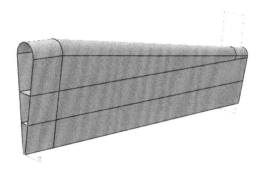

图 6 - 3　机翼模型

图 6 - 4　支撑块模型

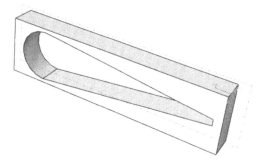

图 6 - 5　加载块模型

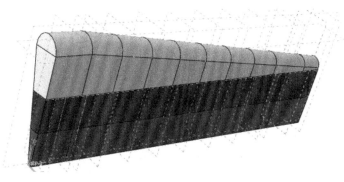

图 6 - 6　泡沫模型

6.3 创建材料和截面属性

在 Module 列表中选择 Property 功能模块。

1.创建 PaoMo 材料

(1)添加 Elastic 属性："Type"选为"Isotropic"，"Young's Modulus"为"92MPa"，"Poisson's Ratio"为"0.29"。

(2)添加 Density 属性：设置"Mass Density"为"0.000 007 5"。

2.创建 Composite 材料

(1)添加 Elastic 属性："Type"选为"Engineering Constants"，将材料数据输入数据表中，如图 6-7 所示。

	E1	E2	E3	Nu12	Nu13	Nu23	G12	G13	G23
1	140000	7100	7100	0.3	0.3	0.3	4100	2500	2500

图 6-7 泡沫材料属性

(2)添加 Density 属性：设置 Mass Density 为 0.001 496。

(3)添加 Hashin Damage 属性：设置具体参数，如图 6-8 所示。

	Longitudinal Tensile Strength	Longitudinal Compressive Strength	Transverse Tensile Strength	Transverse Compressive Strength	Longitudinal Shear Strength	Transverse Shear Strength
1	1384.7	710.6	22.3	95	62.52	62.52

图 6-8 Hashin 准则参数

1)添加 Damage Evolution 属性："Type"选为"Energy"，"Softening"选为"Linear"，具体参数如图 6-9 所示。

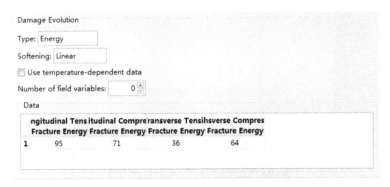

图 6-9 Hashin 准则能量参数

2)添加 Damage Stabilization 属性：具体参数如图 6-10 所示。

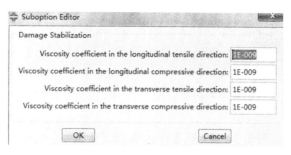

图 6 - 10　Hashin 准则稳定性参数

注：采用 Hashin 准则来预测复合材料，可以预测复合材料层内损伤响应，包括纤维拉伸失效、纤维压缩失效、基体拉伸失效和基体压缩失效。Hashin 失效准则能准确地判定各种不同的损伤失效模式，并结合刚度退化准则可以模拟复合材料的渐进损伤过程。Hashin 准则表达式为

纤维拉伸失效：$\qquad\left(\dfrac{\sigma_1}{X_\tau}\right)^2 + \left(\dfrac{\tau_{12}}{S_{12}}\right) \gg 1, \quad \sigma_1 \geqslant 0$

纤维压缩失效：$\qquad\left(\dfrac{\sigma_1}{X_C}\right) \gg 1, \quad \sigma_1 \leqslant 0$

基体拉伸或剪切失效：$\quad\left(\dfrac{\sigma_2}{Y_\tau}\right)^2 + \left(\dfrac{\tau_{12}}{S_{12}}\right) \gg 1, \quad \sigma_2 \geqslant 0$

基体压缩或剪切失效：$\quad\left(\dfrac{\sigma_2}{Y_C}\right)^2 + \left(\dfrac{\tau_{12}}{S_{12}}\right) \gg 1, \quad \sigma_2 \leqslant 0$

式中：X_t，X_c 为纵向拉伸和压缩强度，Y_t，Y_c 为单层板横向拉伸和压缩强度；S_{12} 为单层板 1—2 方向的剪切强度。

3.创建截面属性

单击"Create Section"按钮创建截面属性。在弹出的"Create Section"对话框中的"Name"后面输入"PaoMo"，"Category"选择"Solid"，"Type"选为"Homogeneous"，点击"Continue"后，"Material"选择"PaoMo"。

4.给部件赋予截面属性：

单击"Create Section"按钮给部件赋予截面属性，分别选中 Part：JiYi - 0 - 18CATPart - Copy2，JiYi - 0 - 18CATPart - NewHou，JiYi - 0 - 18CATPart - NewMid。

5.复合材料铺层

(1)创建铺层：单击"Create Composite Layup"按钮，按照复合材料机翼的铺层信息，将"Initial Ply Count"设为 147，"Element Type"选择"Conventional Shell"。

注：在分析没有明显的层间剪切、分层损坏，或者研究对象并不是层间问题时，采用常规壳进行分析模拟。

(2)编辑铺层信息：在"Edit Composite Layup"对话框中，"Material"选择"Composite，Element Relative Thickness"设置为 0.122mm。在全局坐标系下，按照表 6 - 2 所示的铺层角度和图 6 - 2 所示的铺层信息，分别对机翼的蒙皮、前梁、后梁、前缘、中部翼盒-上表面，中部翼盒-下表面进行铺层。

注:铺层角度是根据坐标系而改变的,选定不同坐标系时,铺层角度是不同的,该例选定的是全局坐标系(Part Global)。Offset 定义中定义"Shell Reference Surface and Offsets"为"Top Surface"。

(3)显示铺层结果:在主菜单中选择"Tools"→"Query",在"Property Module Queries"中选择"Ply stack plot",选中视图区中的机翼结构,即可显示出机翼各结构的铺层情况。

6.4 定义装配件

在"Module"列表中选择 Assembly 功能模块。

单击"Instance Part"按钮,选中 Part:Part3,jiazaikuai,JiYi－0－18CATPart－Copy2,JiYi－0－18CATPart－NewHou,JiYi－0－18CATPart－NewMid。接受默认参数 Instance Type:dependent(mesh on Part),即类型为非独立网格。单击"Instance Part"按钮,选中 Part:JiYi－0－18CATPart,"Instance Type"选择 Independent"mesh on Instance",即类型为独立网格。

6.5 设置分析步

在 Module 列表中选择 Step 功能模块,创建一个分析步用来定义加载在施加杆的 50mm 位移约束。

1.创建分析步

单击"Create Step"按钮创建新的分析步,其余参数保持默认值(Procedure Type:General;选中 Static,General),点击"Continue"。在弹出的"Edit Step"对话框中,点击"Basic"标签,设置"Time period"为"1524",几何非线性参数"Nlgeom"为"On";点击"Incrementation"标签,在 Increment size"栏中设置"Initial"为 20","Minimum"为"1.524E－006","Maximum"为"1524",如图 6－11 所示。

注:模型中存在大的位移必须设置"Nlgeom"为"On",否则将出现异样的分析结果。

2.设置场变量输出结果:

在主菜单中选择 Output→Field Output Requests→Manager,保持其余参数不变,设置输出变量 S(Stresses),E(Strains),U(Displacement/Velocity/Acceleration),RT。

6.6 定 义 接 触

在 Module 列表中选择 Interaction 功能模块,定义接触。

1.定义各接触面

在主菜单中选择"Tools"→"Surface"→"Manager",点击"Create",在"Name"后面输入"surf-jiyi",类型为"Geometry",点击"Continue"。点击"Part":JiYi－0－18CATPart,然后在视图中点击鼠标中键确认。

用类似的方法,定义 Part:JiYi－0－18CATPart－Copy2,JiYi－0－18CATPart－NewHou,JiYi－0－18CATPart－NewMid 的接触面。

注：注意主从面以及法线的方向的选择，主从面和法线方向的错误选择容易出现收敛问题。

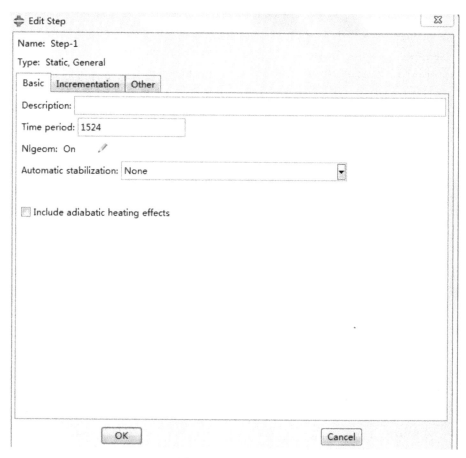

图 6-11　设置分析步

2. 定义无摩擦的接触属性

单击"Create Interaction"按钮，"Type"选择"Contact"，点击"Continue"后，在"Mechanical"中定义"Tangential Behavior"为"Frictionless"，定义"Normal Behavior"中的"Pressure-Overclosure"为"Hard Contact"，"Constraint enforcement method"为"Default"。

3. 定义接触

（1）定义机翼和支撑杆间的接触：单击"Create Interaction"按钮，"Step"选择"Initial"，"Types for Selected Step"为"Surface-to-Surface contact(Standard)"，点击"Continue"后，此时要求选择主接触面，选中视图区中的支撑杆，单击鼠标中键后，此时要求选择从接触面的类型，点击"Surface"，选中视图区中与支撑杆相接触的蒙皮，在弹出的"Edit Interaction"中，"Sliding Formulation"选择"Finite Sliding"，将"Slave Adjustment"选择"No Adjustment"，此项为默认选项，不调整从节点/从面的位置。在"Contact interaction property"中选择"Intprop-1"。

注：解析刚体的面必须作为主面，支撑杆是解析刚体，因此在该接触中作为主面。

（2）定义机翼和加载块间的接触：主面选中加载块，从面选择机翼蒙皮上表面，将"Sliding

Formulation"选择"Small Sliding",在"Slave Adjustment"中选择"Specify tolerance for adjustment zone",并设置为 0.5,"Contact interaction property"中选择"Intprop-1"。

注:如图 6-12 所示,机翼和支撑块接触的两个接触面之间只有很小的相对滑动,滑动量的大小只是单元尺寸的一小部分,因此选择小滑移。模型的尺寸往往会存在数值误差,"Specify tolerance for adjustment zone"选项用于指定一个调整区域,在该栏输入一个值后,从主面向外延伸该设定的距离为调整区域,将调整区域的从面精确地移动到与主面接触的位置。

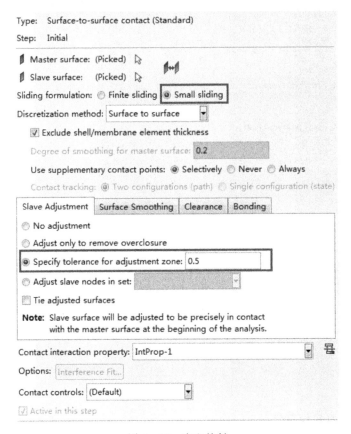

图 6-12 定义接触

(3)定义机翼蒙皮和填充泡沫结构的接触:用上述方法,分别定义蒙皮和泡沫结构之间的接触。

注:一般选择网格划分精密的作为主面。

6.7 定义边界条件

在 Module 列表中选择 Load 功能模块,定义边界条件。

1.定义加载块的边界条件

在主菜单中选择"Tools"→"Reference Point",选中加载块的一端点,设置为参考点。单击"Create Boundary Condition"按钮,在分析步"Initial"中,创建名为"BC-jiazaikuai"的边界

条件,其中"Category"选择"Mechanical","Type for selected step"选择"Displacement/Rotation",选中视图区中的加载块的参考点,在"CSYS"栏中选中 U1,U2,U3,UR1,UR2,UR3。修改"BC-jiazaikuai"在分析步 Step-1 处的定义,将 U3 设为-50.8mm,点击"OK",如图 6-13 所示。

注:Modified 表示 Modified in this step,即边界条件在此分析步中发生修改。定义拉伸位移约束时,注意坐标轴的方向。

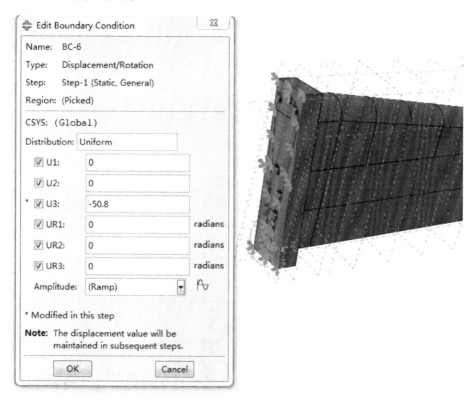

图 6-13 设置加载块边界条件

2.定义支撑杆的边界条件

在主菜单中选择"Tools"→"Reference Point",选中支撑杆的一端点,设置为参考点。单击"Create Boundary Condition"按钮,创建名为"BC-zhichenggan"的边界条件,"Category"选择"Mechanical","Type for selected step"选择"Symmetry/Antisymmetry/Encastre",选中视图区中支撑杆上的参考点,在"CYCS"中选择"ENCASTRE(U1=U2=U3=UR1=UR2=UR3=0)",如图 6-14 所示。

3.定义对称面的边界条件

单击"Create Boundary Condition"按钮,创建名为"BC-duichen"的边界条件,"Category"选择"Mechanical","Type for selected step"选择"Symmetry/Antisymmetry/Encastre",选中视图区中支撑杆上的参考点,在"CYCS"中选择"XSYMM(U1=UR2=UR3=0)",如图 6-15所示。

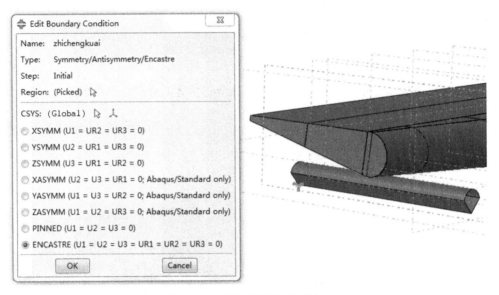

图 6-14　设置支撑杆边界条件

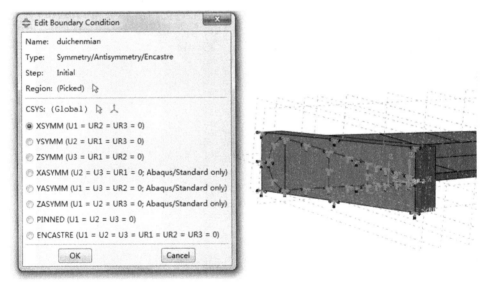

图 6-15　设置对称面边界条件

6.8　网 格 划 分

在 Module 列表中选择 Mesh 功能模块。

1. 对蒙皮划分网格

在窗口顶部的环境栏中把 Object 设为 Assembly,即对整个装配件(蒙皮)划分网格,如图 6-16 所示,蒙皮单元类型为 S4R(4 节点的一次减缩积分壳单元),全局网格尺寸为 4mm。考虑到机翼网格在翼尖处网格的长细比,因此在前部翼盒的上下翼面处采用自由网格,以避免过大的长细比,在其他部位采用结构化网格保证网格质量。

2. 对泡沫结构划分网格

在窗口顶部的环境栏中把 Object 设为 Part,即对装配件中的各个部件划分网格,网格的全局尺寸为 6mm,采用扫掠化网格,单元类型为 C3D8R(8 节点线性六面体单元),如图 6 - 17 所示。

图 6 - 16　机翼蒙皮网格划分

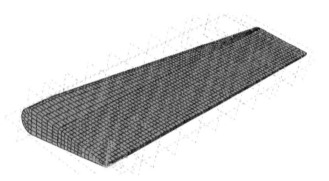

图 6 - 17　泡沫网格划分

3. 对加载块划分网格

支撑块的全局网格大小为 4mm,采用自由化网格,单元类型为 R3D4,如图 6 - 18 所示。

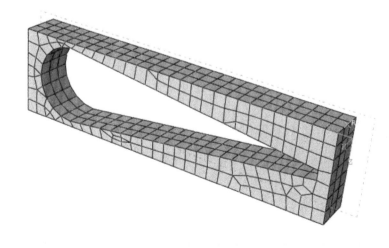

图 6 - 18　加载块网格划分

注：支撑杆的应力状态不做分析，因此不需要划分网格。划分网格时，选定正确的工作环境，即装配的方式不同，则划分网格的对象不同。采用扫掠方法划分网格时需检查扫掠方向。采用结构化网格，提高网格质量。

6.9 提交作业分析

在 Module 列表中选择 Job 功能模块。

1.创建分析作业

单击"Create Job"按钮，各参数保持默认值，并提交任务。

2.提交分析

"Job Manager"对话框中点击"Submit"提交分析，当"Status"变为"Completed"，表示对模型的分析已经成功完成。点击"Results"，自动进入 Visualization 模块，应力结果。

6.10 后 处 理

由位移-载荷曲线可知，复合材料机翼结构的极限载荷为 10.840 4kN，如图 6-19 所示。

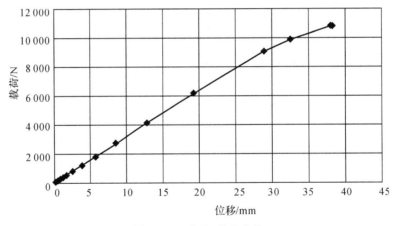

图 6-19 位移-载荷曲线

第7章　流固耦合问题

当流体与固体结构共同构成的体系受到动载荷作用时,流体与固体之间发生相互作用,即固体在流体作用下产生运动与变形,而这变形和运动又反过来影响流体的运动。这就是流体与固体的耦合问题,其中流体域或固体域均无法单独求解。

7.1　流固耦合分析方法

1.拉格朗日算法

拉格朗日(Lagrangian)算法主要应用于固体力学中的应力和变形分析,它以物质的坐标为基础,将所描述的单元划分在所分析的物体上,因此采用拉格朗日方法所采用的单元网格和分析的物体是统一的,有限元网格的节点即为物体的质点。在计算过程中,所分析物体的形状变化与有限元网格的变化完全保持一致,物质不会在单元与单元之间发生流动。拉格朗日算法优点在于,它可以大大简化了控制方程的求解过程,并可跟踪质点的运动轨迹,从而能准确地描述物体边界的运动;但是在涉及特大变形的问题时,拉格朗日算法采用的单元网格也将会出现严重的畸变现象,其结果将最终会导致无法继续计算。

2.欧拉算法

欧拉(Eulerian)算法计算中所采用的网格以空间坐标为基础,并与所分析的物体相互独立,有限元节点即为空间点。在整个数值计算过程中,计算所采用有限元网格的形状、大小和空间位置保持不变,而网格与网格之间的物质是可以流动的,即材料在一个固定的计算域中流动。因此,欧拉网格可以理解为有两层重叠的网格:一层是空间几何网格,在计算过程中是固定不动的;另一层是材料网格,在计算过程中随着材料在固定的空间网格中流动。因此,欧拉方法能够处理物质的扭曲及一些大变形问题。但由于欧拉法在捕捉物体边界信息上较为困难,不能够精确描述物质的边界,因此通常用于流体力学计算分析中。

3.耦合的欧拉-拉格朗日算法(CEL 法)

单纯的拉格朗日和单纯的欧拉算法都有各自的缺陷和不足,但是又有着各自的优势。如果能够将两者有机地结合起来,充分发挥各自的优势,克服其中的缺陷,将可以解决一些只用拉格朗日或欧拉方法所不能解决的问题。耦合的欧拉—拉格朗日(Coupled LagarangianEulerian,CEL)方法就是基于这一目的最早由 Noh 提出的,并采用有限差分法求解了带有移动边界的二维流体动力学问题。在 Noh 的研究中,网格点可以随物质点一起运动,但也可以在空间中固定不动,甚至网格点可以在一个方向上固定,而在另一个方向上随物质一起运动。因此,CEL 算法在解决物体的大位移时,比如碰撞、流体动力学及流体、固体之间的相互作用时有强大的优势。

7.2 机身撞水实例分析

1.问题描述

如图 7 - 1 所示为一典型机身结构,本章将详细介绍基于 CEL 流固耦合分析方法利用 ABAQUS 软件分析机身在一定的初始速度下撞水的过程,得到其入水过程中的应力分布情况,为机身的结构安全设计提供依据。为方便建模,机身模型取圆筒状结构,具体尺寸如图 7 - 2 所示。圆筒机身外径设为 3 000mm,隔框宽度为 200mm,飞机地板距机身中线距离为 600mm。隔框沿飞机航向均匀分布,间距取 750mm。

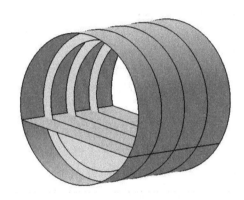

图 7 - 1 机身结构示意图

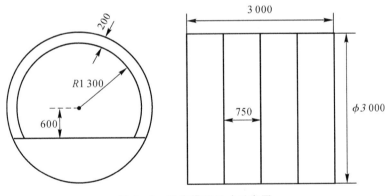

图 7 - 2 机身模型尺寸示意图

2.建立模型

采用 CATIA 软件建立机身模型如图 7 - 3 所示,包括蒙皮、隔框、地板等。在 Part 模块选择"File"→"Import"→"Part",再选择模型的 CATIA 文件单击"OK"按钮,在弹出的选项卡中保持默认设置,单击"OK"按钮,完成模型导入。

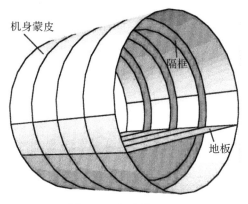

图 7-3　机身模型

在 Part 模块中单击"Create Part"按钮,在弹出的对话框中选择"3D"→"Eulerian",单击"Continue"创建欧拉模型,如图 7-4 所示。

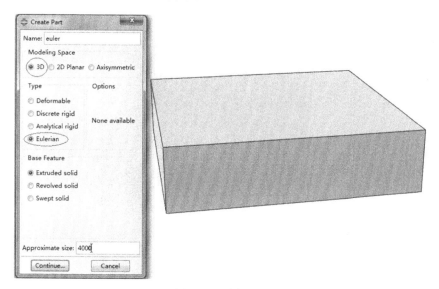

图 7-4　欧拉区域

使用体划分工具将欧拉区域划分为上、下两部分,如图 7-5 所示。

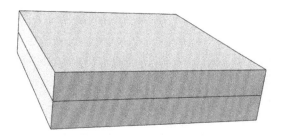

图 7-5　欧拉区域划分初始水域

选择"Tools"→"Set"→"Create",在弹出的对话框中创建初始水域集合,命名为"water-initial",单击"Continue"按钮,选择相应区域,单击"OK"完成创建,如图7-6所示。

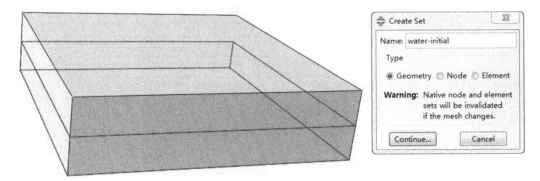

图 7-6　创建几何集合

进入 Assemble 模块,组装好的整体模型如图7-7所示。

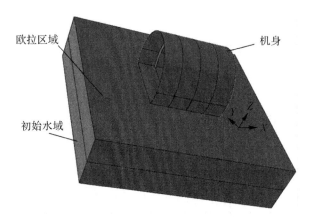

图 7-7　整体模型

3.材料属性设置

进入 Property 模块:

(1)为欧拉部件创建包括密度、EOS、运动黏度的材料属性。密度及运动黏度设定为1E-9,EOS 设定如图7-8示。

(2)为机身部件设置弹性属性,如图7-9所示,密度设定为7.75E-9,弹性模量与泊松比分别设定为 78 000MPa 和 0.33。

(3)创建截面属性并分别指派给各部位,创建的水的截面属性赋给欧拉区域,如图7-10所示。

4.分析步

创建 Dynamic,Explicit 分析步 Step-1,Time period 设置为0.025,如图7-11所示。

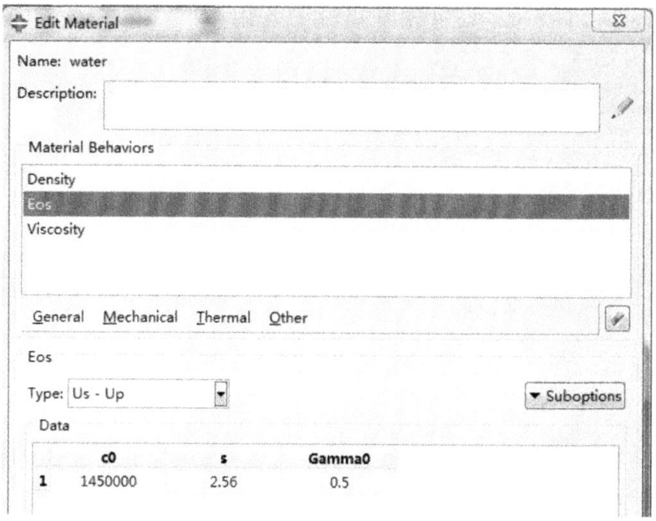

图 7 - 8　欧拉区域属性设置

图 7 - 9　机身材料属性

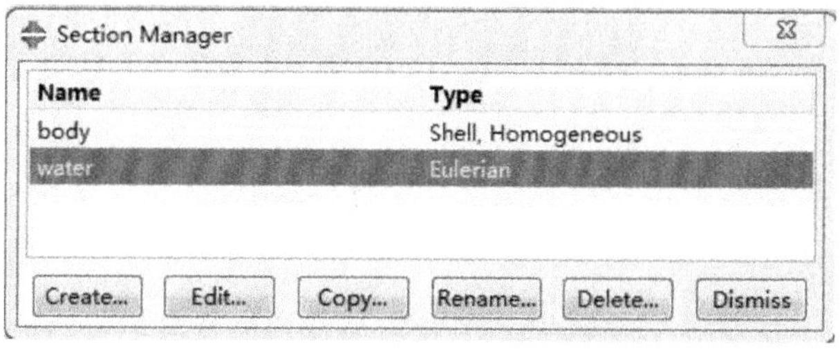

图 7 - 10　截面属性表

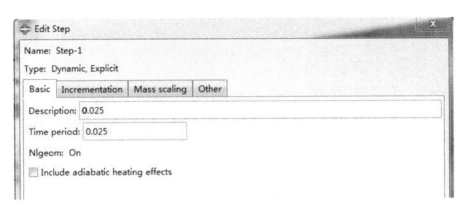

图 7 - 11　分析步设置

5. Interaction 模块

(1)创建一个空的接触属性,如图 7 - 12 所示。

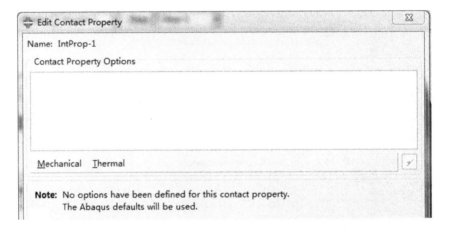

图 7 - 12　空的接触属性

(2)新建一个接触,选用刚刚建立的接触属性,如图 7 - 13 所示。

6. Load 模块

(1)在欧拉区域施加水的重力,如图 7 - 14 所示

(2)为机身施加重力,如图 7 - 15 所示。

(3)在初始分析步(Initial Step)对机身进行位移约束,如图 7 - 16 所示。

(4)为欧拉区域施加边界条件,限制水的流动。

表面施加速度约束,在欧拉边界上的垂直速度限制为零,防止水"流出"欧拉区域,如图 7 - 17～图 7 - 19 所示。

在欧拉区域的下表面施加位移约束以固定欧拉域,如图 7 - 20 所示。

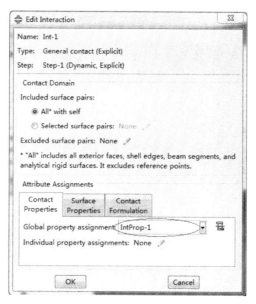

图 7 - 13　新建接触

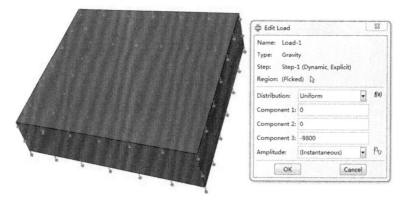

图 7 - 14　施加水重力

图 7 - 15　机身施加重力

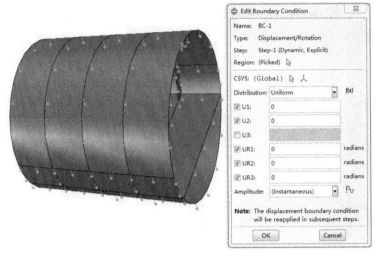

图 7 - 16　机身位移约束

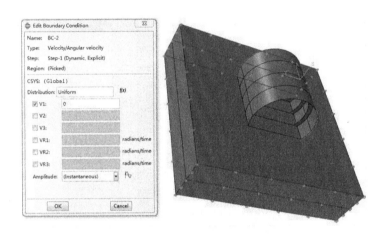

图 7 - 17　欧拉域前、后表面施加速度约束

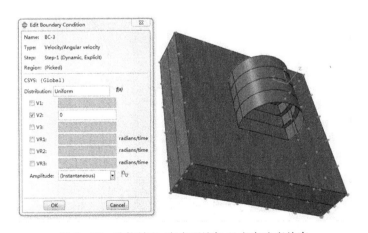

图 7 - 18　欧拉域左、右表面施加 Y 方向速度约束

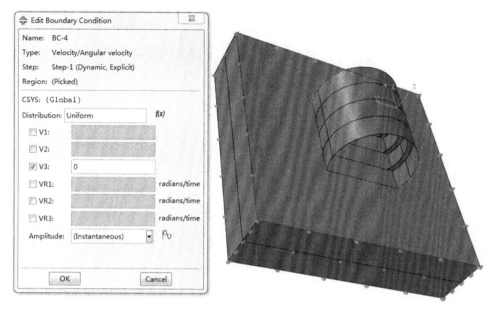

图 7 - 19　欧拉域上表面施加 Z 方向速度约束

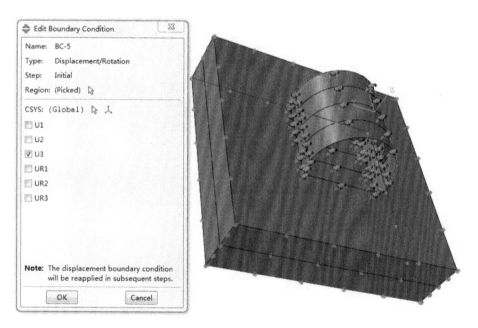

图 7 - 20　欧拉域上表面施加 Z 方向位移约束

（5）在显示动力学分析步 Step - 1 中释放机身。

进入"Boundary Condition Manager"选项卡,如图 7 - 21 所示。在 BC - 1 边界条件中,选中 Step - 1 下的"Propagated",点击"Desctivate"按钮将其改为"Inactive"状态,如图 7 - 22 所示。

（6）对机身施加初速度。

在 Load 模块中,选择主菜单中的"Predefined Field"→"Create",在弹出的"Create

Predefined Field"对话框中,分析步选择"Initial",选择"Mechanical"下的"Velocity",单击"Continue",选择机身部件单击鼠标中键,如图 7-23 所示。在弹出的"Edit Predefined Field"对话框中填写速度值,如图 7-24 所示,单击"OK"完成定义。

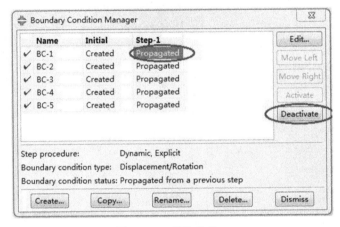

图 7-21　释放机身一

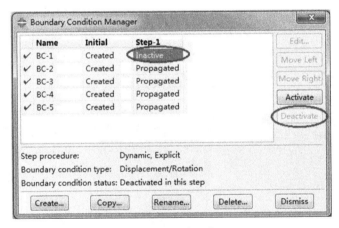

图 7-22　释放机身二

图 7-23　定义初速度

图 7 - 24　选择模型输入速度值

7. 划分网格

欧拉区域选择 EC3D8R 单元,如图 7 - 25 所示。机身采用 S8R 单元进行划分,如图 7 - 26 所示。

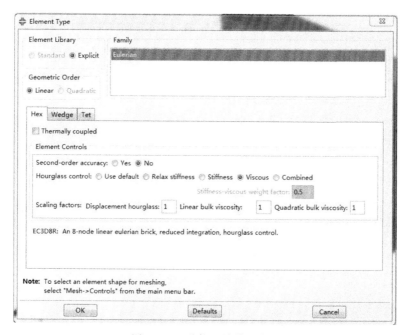

图 7 - 25　欧拉区域单元类型

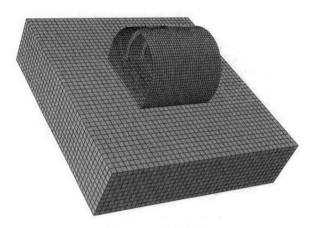

图 7 - 26　网格划分

8. 对欧拉区域赋初始材料

　　单击主菜单栏"Predefined Field"→"Create"，弹出"Create Predefined Field"对话框，选择"Initial Step"和"Other Category"中的"Material Assignment"项，然后单击"Continue"按钮，在视图中选择欧拉区域装配体，单击鼠标中键，出现"Edit Predefined Field"对话框，选择"Uniform"，然后在"Region"选项中选择"water-initial"集合，体积分数设置如图 7 - 27 所示。单击"OK"按钮完成初始水域的设置。

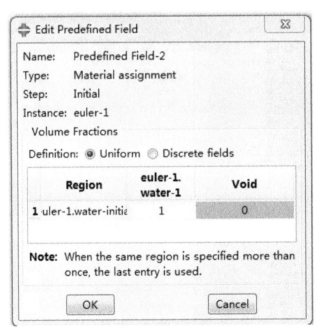

图 7 - 27　预定义场

9. 求解及结果显示

　　创建 Job - 1 工作文件，在"Parallelization"中定义合适的线程数。

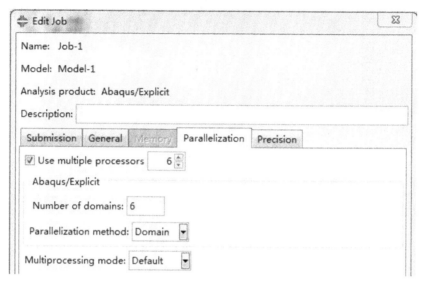

图 7 - 28 工作文件

提交作业计算,结果如图 7 - 29～图 7 - 31 所示。

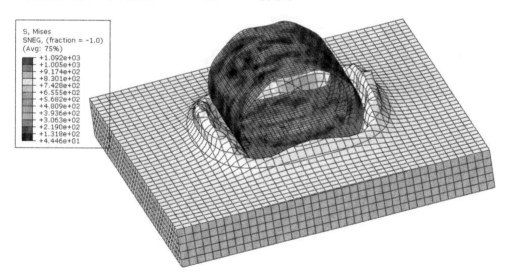

图 7 - 29 整体应力及变形结果

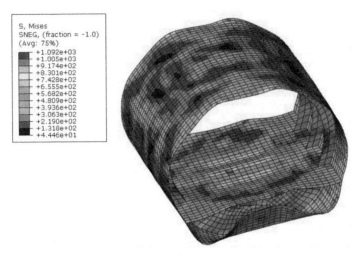

图 7 - 30　机身撞水后的变形情况及应力分布

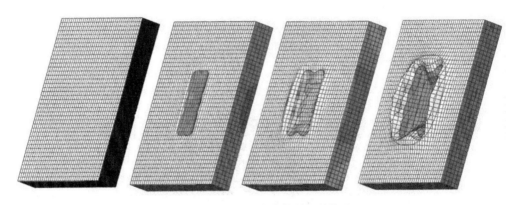

图 7 - 31　欧拉域内水体的流动情况

第8章　机翼结构振动分析

8.1　结构模态分析详解

模态分析主要用于确定结构和机器零部件的振动特性(固有频率和振型),模态分析也是其他动力学分析(如谐响应分析、瞬态动力学分析以及谱分析等)的基础。用模态分析可以确定一个结构的频率和振型,本章先介绍动力学分析中较为简单也是基础的部分——模态分析,通过本章的学习,读者可掌握 ABAQUS 进行模态分析的步骤和方法,使读者了解利用 ABAQUS 进行动力学分析的巨大优势。

1. 动力学概述

如果只对结构受载后的长期效应感兴趣,静力分析是足够的,然而,如果加载过程很短或者载荷在性质上是动态的,则必须考虑动态分析。动力学分析常用于描述下列物理现象。

(1)冲击,如冲压、汽车的碰撞等。

(2)地震载荷,如地震、冲击波等。

(3)随机振动,如汽车的颠簸、火箭发射等。

(4)振动,如由于旋转机械引起的振动。

(5)变化载荷,如一些旋转机械的载荷。

每一种物理现象都要按照定类型的动力学分析来解决,在工程应用中,经常使用的动力学分析类型包括下述几方面。

(1)谐响应分析:确定结构对稳态简谐载荷的响应。如对旋转机械的轴承和支撑结构施加稳定的交变载荷,这些作用力随着转速的不同引起不同的偏转和应力。

(2)频谱分析:分析结构对地震等频谱载荷的响应。如在地震多发区的房屋框架和桥梁设计中应使其能够承受地震载荷。

(3)随机振动分析:分析部件结构对随机振动的响应。如太空飞船和飞行器部件必须能够承受一段持续时间的变频载荷。

(4)模态分析:在指定频率下的谐波激励下,计算引起结构响应的振幅和相位,得到的结果在频域上的,其典型的分析对象包括发动机的零部件和建筑中的旋转机械等。

(5)瞬态动力学分析:分析结构对随时间变化的载荷的响应(如下问题可以使用瞬态动力学分析来解决:设计汽车保险杠可以承受低速撞击;设计网球拍框架保证其承受网球的冲击并且允许发生轻微的弯曲)。

2.结构模态分析的步骤

模态分析是各种动力学分析类型中基础的内容,结构和系统的振动特性决定了结构和系统对于其他各种动力载荷的响应情况,所以,一般情况下,在进行其他动力学分析之前首先要进行模态分析。

(1)进行模态分析的功能

使用模态分析能够:

(1)可以使结构设计避免共振或按照特定的频率进行振动。

(2)可以认识到对于不同类型的动力载荷结构是如何响应的。

(3)有助于在其他动力学分析中估算求解控制参数(如时间步长)。

(2)模态分析的步骤

模态分析中的4个主要步骤:建模;选择分析步类型并设置相应选项;施加边界条件、载荷并求解;结果处理。

1)建模。

①必须定义密度。

②只能使用线性单元和线性材料,非线性性质将被忽略。

2)定义分析步类型并设置相应选项。

①定义一个线性摄动步的频率提取分析步。

②模态提取选项和其他选项。

3)施加边界条件、载荷并求解。

①施加边界条件。

②施加外部载荷。因为假定振动为自由振动,所以忽略外部载荷。程序形成的载荷向量可以在随后的模态叠加分析中使用位移约束。

③求解。通常采用一个载荷步。为了研究不同位移约束的效果,可以采用多载荷步(例如,对称边界条件采用一个载荷步,反对称边界条件采用另一个载荷步)。

④结果处理。提取所需要的分析结果,并且对结果进行相关的评价,指导实际的工程、科研实际应用。

8.2　动态分析的主要方法

ABAQUS中的动态分析包括两大类基本方法(见表8-1):

振型叠加法(Modal Superposition Procedure):求解线性动态问题;

直接解法(Direct-Solution Dynamic Analysis Procedure):求解非线性动态问题。

下述分别介绍这两种方法。

表 8 - 1　动态分析的不同类型

分析类型		ABAQUS/Standard 还是 ABAQUS/Explicit	分析步类型	在 ABAQUS/CAE 中的分析步名称
振型叠加法	频率提取	Standard	线性摄动分析步	Frequency
	瞬时模态动态分析	Standard	线性摄动分析步	Modal Dynamics
	基于模态的稳态动态分析	Standard	线性摄动分析步	Steady-state Dynamics, Modal
	反应谱分析	Standard	线性摄动分析步	Response Spectrum
	随机响应分析	Standard	线性摄动分析步	Random Sesponse
直接解法	隐式动态分析	Standard	通用分析步	Dynamics, Implicit
	基于子空间的显式动态分析	Standard	通用分析步	Dynamics, Subspace
	显式动态分析	Explicit	通用分析步	Dynamics, Explicit
	基于直接解法的稳态动态分析	Standard	线性摄动分析步	Steady-state dynamics, Direct
	基于子空间的稳态动态分析	Standard	线性摄动分析步	Steady-state Dynamics, Subspace

注:ABAQUS 的所有单元均可用于动态分析,选取单元的一般原则与静力分析相同。但在模拟冲击和爆炸载荷时,应选用一阶单元,因为它们具有集中质量公式,模拟应力波的效果优于二阶单元所采用的一致质量公式。

1．振型叠加法

振型叠加法用于线性动态分析,使用 ABAQUS/Standard 来完成,其相应的分析步类型为线性摄动分析步。振型叠加法的基础是结构的各阶特征模态,因此在建模时要首先定义一个频率提取分析步,从而得到结构的振型和固有频率,然后才能定义振型叠加法的各种分析步。

振型叠加法包括以下几种分析类型。

(1)顺时模态动态分析。计算线性问题在时域上的动态响应,只有具备了以下特点的问题才能进行顺时模态动态分析。

1)系统是线性的。

2)响应只受相对较少的频率支配。当在响应中频率的成分增加时(例如打击和碰撞问题),振型叠加法的效率将会降低。

3)载荷的主要频率应该在所提取的频率范围之内,以确保对载荷的描述足够精确。

4)特征模态应该能精确地描述任何突然加载所产生的初始加速度。

5)系统的阻尼不能过大。

(2)基于模态的稳态动态分析。在用户指定频率内的谐波激励下,计算引起结构响应的振幅和相位,得到的结果是在频域上的,其典型的分析对象包括发动机的零部件和建筑物中的旋转机械等。

(3)反应谱分析。当结构的固定点处发生动态运动时,计算其峰值响应,得到的结果是在频域上的,其典型的应用是计算在发生地震时建筑物的峰值响应。

(4)随机响应分析。当结构承受随机连续的激励时,计算其动态响应,得到的结果是在频域上的,激励的表示方法是在统计意义上的能量谱函数,其典型的应用包括计算飞机对扰动的响应、结构对噪声的响应等。

2.直接解法

对于非线性动态问题,必须对系统进行直接积分,即所谓的"直接解法",它包括以下分析类型。

(1)隐式动态分析(Implicit Dynamic Analysis)。使用 ABAQUS/Standard,通过隐式直接积分来分析强非线性问题的瞬态动态响应,其相应的分析步类型为通用分析步(General Analysis Step)。

(2)基于子空间的显式动态分析(Subspace-based Explicit Dynamic Analysis)。使用 ABAQUS/Standard,通过显式直接积分来求解弱非线性动态问题,其动力学平衡方程以向量空间的形式来描述,相应的分析步类型为通用分析步,它不能用于接触问题。

(3)显式动态分析(Explicit Dynamic Analysis)使用 ABAQUS/Explicit,通过显式直接积分来求解非线性动态问题,其相应的分析步类型为通用分析步。

(4)基于直接解法的稳态动态分析(Direct-solution Steady-state Dynamic Analysis)。使用 ABAQUS/Standard,直接分析结构的稳态简谐响应,其相应的分析步类型为线性摄动分析步。

(5)基于子空间的稳态动态分析(Subspace-based Steady-state Dynamic Analysis)使用 ABAQUS/Standard 来分析结构的稳态简谐响应,其稳态动力学方程以向量空间的形式来描述,相应的分析步类型为线性摄动分析步。

3.比较 ABAQUS/Standard 和 ABAQUS/Explicit

ABAQUS/Standard 和 ABAQUS/Explicit 都能分析多种类型的问题,应根据问题的特点和求解效率来选择合适的分析类型(见表 8 - 2)。一般来说,对于光滑的非线性问题,ABAQUS/Standard 更有效,而 ABAQUS/Explicit 适于求解复杂非线性动力学问题,特别是用于模拟短暂、瞬时的动态事件,如冲击和爆炸问题。有些复杂的接触问题(例如模拟成形),使用 ABAQUS/Standard 要进行大量的迭代,甚至可能难以收敛,而使用 ABAQUS/Explicit 就可以大大缩短计算时间。只要网格是相对均匀的,模型的规模越大,ABAQUS/Explicit 在计算成本方面的优势越明显。

表 8 - 2　**ABAQUS/Standard 和 ABAQUS/Explicit 的主要区别**

	ABAQUS/Standard	ABAQUS/Explicit
单元库	提供了丰富的单元库	提供了适于显示分析的单元库,有些 ABAQUS/Explicit 单元不能用于 ABAQUS/Standard
分析步	通用分析步和线性摄动分析步	通用分析步

续 表

	ABAQUS/Standard	ABAQUS/Explicit
材料模型	提供丰富的材料模型	与 ABAQUS/Standard 的材料模型相类似,但一个显著的区别是提供了材料失效模型
接触问题	能够分析各种复杂的接触问题	分析复杂接触问题的能力优于 ABAQUS/Standard
求解技术	使用基于刚度的求解技术,具有无条件稳定性	使用显示积分求解技术,具有条件稳定性
占用磁盘空间和内存	由于在增量步中作大量迭代,可能占用大量的磁盘空间和内存	所需的磁盘空间和内存小于 ABAQUS/Standard

8.3　实例分析

从下面的实例中,读者可以学习如何对机翼结构进行振动分析,从而进行分析运算。问题描述如下:

机翼模型取自第 6 章复合材料机翼模型简化而来,具体如图 8-1 所示。横梁共两根,与机翼蒙皮直接相连,并简化掉铆钉,如图 8-2 所示。翼端面(包括横梁端面)与一整块壁板通过 tie 绑定在一起。对翼端面壁板做固支处理,进行动态响应分析,如图 8-3 所示。

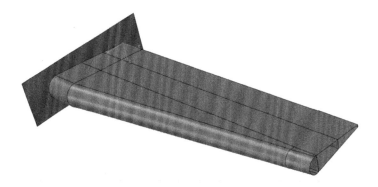

图 8-1　机翼整体模型

图 8-2　横梁和蒙皮连接细节图

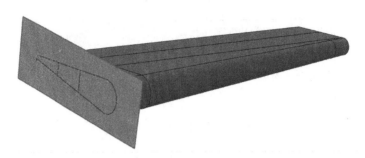

图 8-3　翼端面绑定连接示意图

1. Part 模块

根据图纸，在 Catia 中建立实体模型，建立的实体构件有蒙皮、两根横梁以及壁板，将每个具体部件保存为 STP 文件，然后一一导入 ABAQUS 中。

打开 ABAQUS，选择菜单栏中"File"→"Import"→"Part"，然后在相应文件夹中选择在 Catia 中建立的 STP 文件，将它们分别导入。在 Part 模式中就可以看到刚刚导入的实体构件。

2. Property 模块

点击 按钮，创建一种类型的弹性材料：$E=71\,000\mathrm{MPa}$，$\mu=0.33$，$\rho=2.7\mathrm{e}-9\mathrm{t} \cdot \mathrm{mm}^{-3}$。

点击 按钮，为结构创建截面，"Category"选择"Solid"，"Type"选择"Homogeneous"，点击"Continue"，"Material"选择之前创建的材料属性，点击"OK"。

点击 按钮，将刚才创立的截面属性赋予建好的结构。

3. Assembly 模块

点击 按钮，连续导入创建好的实体结构，按照问题描述中的装配关系将部件组合完毕，完成后如图 8-4 所示。

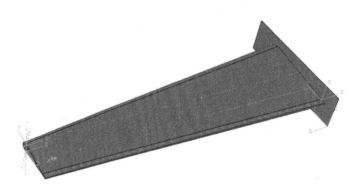

图 8-4　装配示意图

4. Step 模块

点击 按钮，"Procedure type"选择"General"中的"Static，General"，点击"Continue"，

再点击"OK",完成分析步的设定。

5. Interaction 模块

模拟铆钉关键在此步完成,下面将简单介绍如何建立连接单元模拟铆钉。

当要模拟铆钉连接时,ABAQUS 提供了一种很方便的点对点连接方式,它的设定可以独立于 Node 之外,我们称之为 Fasteners。Fasteners 可以搭配各式 Connector Elements 使用,在 Connector Element 上可以设定扭转、平动等连接特性,刚度、阻尼等力学特性,以及连接的破坏准则。

建立 Fasteners 的方式可分为 Point-based 和 Discrete 两种。Point-based 的方式适用于模型中存在大量铆钉,Point-based 方式可以自动地搜寻待建立连接关系的两个面;Discrete 方式需要手动指定 Fasteners 的具体位置,定义完毕后,可以在前处理中看到 Fasteners 的位置、Coupling 影响范围以及所使用的 Connector Element 种类。创建 Attachment Point 后的模型图如图 8-5 所示。

根据上述方法,分别在蒙皮与梁,蒙皮与翼肋,翼肋与梁之间建立 Attachment Point,完成后如图 8-5 所示。

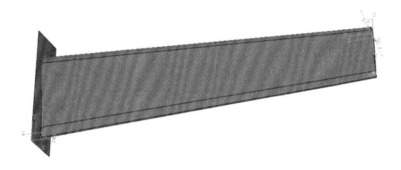

图 8-5　创建完 Attachment Point 后的模型图

这里采用 Point-base 的方式来创建 Fastener。

(1)Point-based 的方式:

点击 [按钮] 按钮,选择 Point-based,再选取所有 Attachment Point。

在 Domain 选项卡里,选择"Whole model"进行分析,其余保持默认。

在 Criteria 选项卡里,选择"Face-to-Face"的连接方式;"Search radius"表示以选定的"Attachment Point"为中心,搜索铆接在一起的面的范围,通常选择默认,这样 ABAQUS 会根据结构尺寸、距离判定两个面是否应该铆接在一起;"Maximum layers for projection"表示搜索时穿透几层结构,通过控制层数可以实现多层蒙皮有选择地铆接在一起,这里选择 All,即全部穿过。

在 Property 选项卡里,"Physical radius"表示铆钉半径,本例定义为 2.5mm;"Additional mass"表示铆钉质量,本例不需要做相关分析,设置为 0;"Section"中,在"Connector section"中选择按照之前方法建立的 Planar 连接属性,刚度值定义为 30 000N/mm,注意在"Connector Orientation 1"中选择一个坐标系,满足 1 方向垂直于平面,2,3 方向在平面内(如果整体坐标系不满足,需建立局部坐标系做补充)。

在 Formulation 选项卡中,全部选择默认。

在 Adjust 选项卡中,全部保持默认。ABAQUS 中 Fasteners 的所有上述定义都是基于总体坐标的,要求 Z 轴(3 轴)必须与面垂直,勾选"Adjust CSYS to make Z-axis normal to closest surface"可以保证坐标系方向自动匹配而不用另定义坐标系。点击"OK"完成 Point-based 方式建立 Fasteners,如图 8-6、图 8-7 所示。

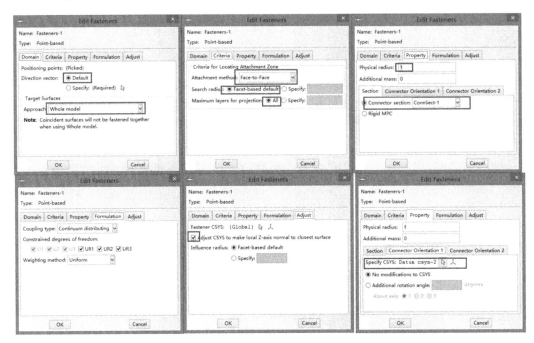

图 8-6　Point based 方式创建 Fasteners 示意图

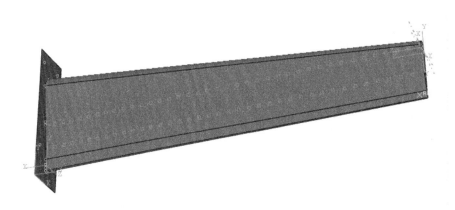

图 8-7　Point based 方式建立 Fasteners 效果图

为了加载时方便,翼端面(包括横梁端面)与一整块壁板通过 tie 绑定在一起具体设置如图 8-8 所示,完成后效果如图 8-9 所示。

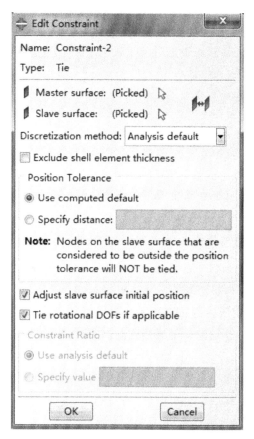

图 8 - 8 使用 tie 约束翼端面和壁板

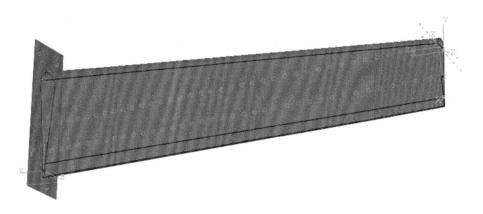

图 8 - 9 tie 示意图

6. Load 模块

点击 ▙ 按钮,对翼端面壁板做固支处理,如图 8 - 10 所示。

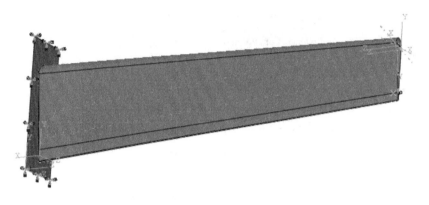

图 8-10　边界条件示意图

7. Mesh 模块

点击![按钮]按钮,设置蒙皮网格密度为 2mm(可适当加粗网格以提高运算速度),单元类型选择 S4R 单元。设置梁的网格密度为 2mm,单元类型选择 S4R 单元。设置翼端面的网格密度为 2mm,单元类型选择 S4R 单元。点击![按钮]按钮完成网格划分,如图 8-11 所示。

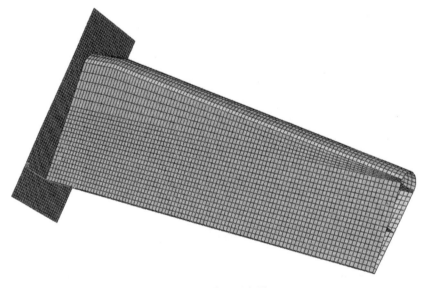

图 8-11　分网示意图

8. 回到 Step 模块

分析步选择"Linear Perturbation"(线性摄动分析)中的"Frequency"(频率分析),并取前 30 个模态。

9. Job 模块及后处理

在 Job 模块里提交作业,计算完成后,点击"Result",在 Visualization 模块里可以看到计算结果,前三阶模态如图 8-12 所示。

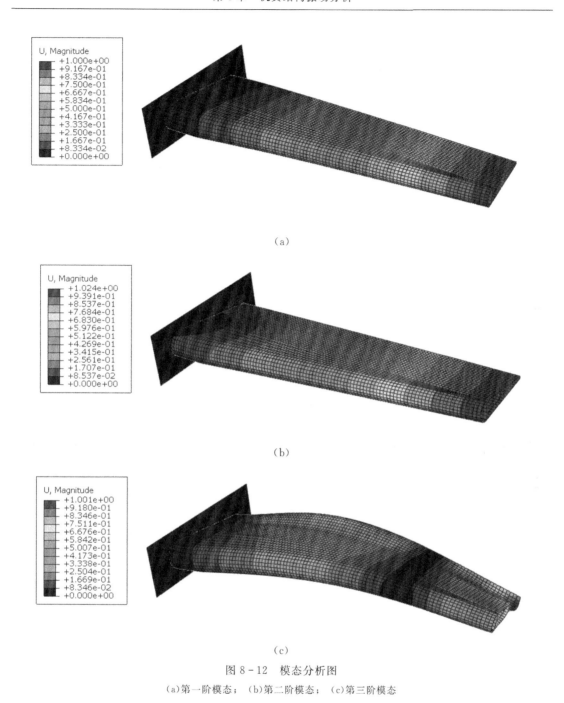

图 8 - 12 模态分析图

(a)第一阶模态； (b)第二阶模态； (c)第三阶模态

本处只列出前三阶阵型。固有频率、有效质量等信息可以在 dat 文件中查询得到。

8.4 模型动态响应分析

取图 8 - 1 所示机翼模型，在翼尖部位设置一柔性加力刚体，假设机翼在 1s 内翼端迅速上升 50mm，后又迅速摆回，如图 8 - 13 所示。

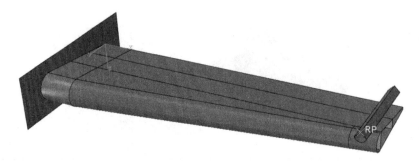

图 8-13 结构示意图

有如下几步需在上节内容基础上加以变动。

1. Assembly 模块

添加柔性加载块,并装配好位置。

2. Step 模块

创建 Dynamic Explicit 分析步,分析时间为 1s,如图 8-14 所示。

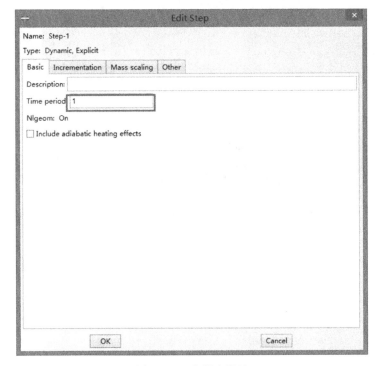

图 8-14 分析步设置

3. Interaction 模块

定义通用接触,摩擦系数取 0.1,如图 8-15 所示。

4. Load 模块

定义边界条件:按图中所示选择位移大小以及随时间变化曲线,如图 8-16、图 8-17

所示。

　　将添加的柔性加载块固定。

　　其余与前节内容相同,提交作业并计算,应力云图如图 8 - 18 所示。

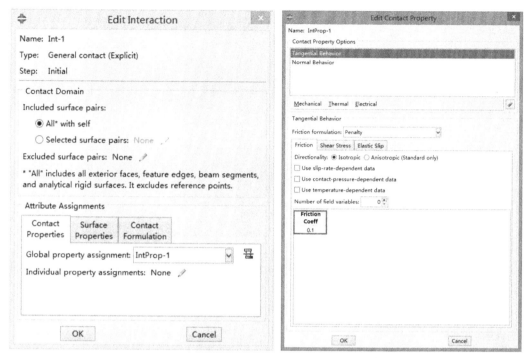

图 8 - 15　定义通用接触

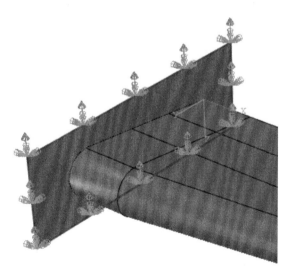

图 8 - 16　定义边界条件

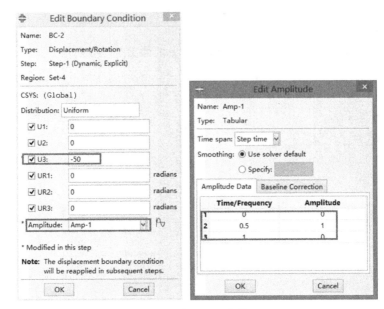

图 8-17　定义边界条件界面

图 8-18　计算结果示意图

第9章 起落架机构运动分析

9.1 问题描述及简化

本章以摇臂式起落架为分析对象,其结构示意图如图9-1所示,其中机轮通过可转动的摇臂与减震器的活塞杆相连。减震器亦可兼作承力支柱;收、放动作筒作用于承力支柱上,提供收、放的动力。这种形式的活塞只承受轴向力,不承受弯矩,因而密封性能好,可增大减震器的初压力以减小减震器的尺寸。摇臂式起落架的缺点是构造较复杂,接头受力较大,因此在使用过程中的磨损亦较大。这里着重分析起落架在收、放运动过程中接头处的载荷,如图9-2所示。

摇臂式起落架示意图

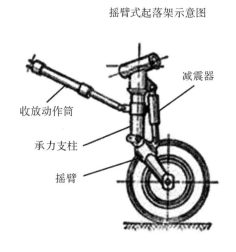

减震器

收放动作筒

承力支柱

摇臂

图9-1 摇臂式起落架示意图

图9-2 起落架分析模型图

9.2 有限元建模

1.草图绘制

选择下拉菜单中的的 模块:草图 草图选项进入草图绘制界面,绘制出如图9-3所示的草图。通过绘制草图来创建部件可以确定各部件在装配中的相对位置。

2.创建部件

以摇臂部件为例说明创建部件过程。在下拉菜单中选择部件,点击 按钮创建新部件,选择三维、可变性、实体扫略进入部件草图绘制界面。点击 ⌨ 按钮导入绘制的草图,删除多余的草图线,只保留摇臂部件那条线作为扫略路径,如图9-4所示,并绘制部件截面完成扫略,再通过切削完成部件创建,如图9-5所示。根据相同的方法创建出其他部件。通过以草图为扫略路径来创建部件在装配过程中导入部件可以直接定位各部件的相对位置。装配好的起落架结构如图9-6所示。

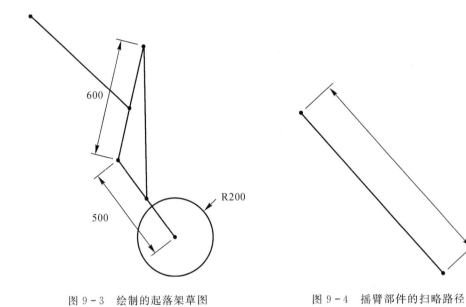

图9-3 绘制的起落架草图   图9-4 摇臂部件的扫略路径

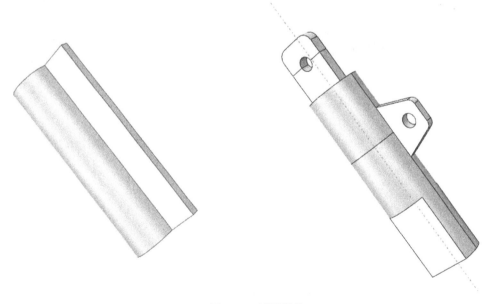

图9-5 摇臂部件

图 9 - 6 起落架装配图

9.3 材料属性设置

材料弹性模量设置为 210 000MPa,泊松比为 0.3,密度设置为 7.8E - 9,如图 9 - 7 所示。

图 9 - 7 设置材料属性设置

9.4 创建分析步

选择动力学显式,时间长度为1,其他参数保持不变,如图9-8所示。

图9-8 设置动力学显式分析步

9.5 相互作用设置

各部件之间相互作用关系如图9-9所示,位置1,3处是起落架与机身连接处,因此在位置1,3横截面上创建耦合点,并在耦合点上施加边界条件;位置4,5,6,8处是仅能绕Z轴旋转的铰连接;位置2,6处是动作筒和减震器,定义成轴向平移连接;位置9处是机轮与摇臂连接点,机轮在与摇臂接触点处只能绕Z轴转动。

以下分别介绍上述4种连接方法。

在位置1处创建耦合:在相互作用模块下,点击 在图9-10圆柱端面圆心处创建参考点RP-1,点击 创建耦合,控制点选择RP-1,要耦合的表面选择如图9-10所示深色区域,Coupling类型选择结构分布,完成耦合创建。用相同方法在位置3处创建耦合,耦合点命名为RP-2。

在位置4处创建铰接:在承力支柱与减震器铰接处耳片中性面孔心处创建参考点RP-3、RP-4;创建两个耦合,控制点分别为RP-3,RP-4,对应的耦合面分别选择如图9-11所示深色区域,完成耦合创建。点击 创建连接,第一个点选择参考点RP-3,第二点选择RP-

4,线特性名为 Wire-1,如图 9-12 所示,点击  创建连接器属性,连接类型选择:"铰",参数使用默认值,返回图 9-12 界面,选择"指定坐标系",并在 RP-3 处创建直角坐标系,坐标系方向如图 9-13 所示,保证 X 轴方向在 RP-3 与 RP-4 的连线上,选择所创建的坐标系作为指定坐标,完成铰接创建。用相同方法在位置 5,7,8 处创建耦合点,参考点名分别为 RP-5, RP-6,RP-7,RP-8,RP-9,RP-10;线特性名分别为 Wire-2,Wire-3,Wire-4,最后完成铰接的创建。

图 9-9　起落架各部件之间连接位置

图 9-10　位置 1 处耦合参考点与面的选取

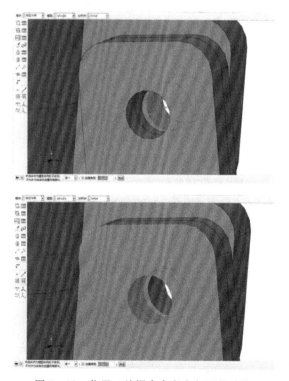

图 9-11　位置 4 处耦合参考点与面的选取

图 9-12　连接器创建界面

在位置 2 处创建轴向平移连接：将收、放动作简外筒隐藏，在收、放动作简内筒端面上创建耦合参考点 RP-11，并创建端面与 RP-11 的耦合，如图 9-14 所示紫色部分。点击 ⟳ 创建连接，第一个点选择 RP-11，第二点选择 RP-1，线特性名为 Wire-5，如图 9-15 所示。点击 ⊞ 创建连接器属性，连接种类选择"基本信息"，平移类型选择"轴向"，其他参数使用默认值如图 9-16 所示，点击"继续"添加参数，添加"弹性"项，勾选"F1"并将 D11 设置为 210，添加"阻尼"项，勾选"F1"并将 C11 设置为 10，如图 9-17 所示。点击"确定"返回图 9-15 所示的界面，选择"指定坐标系"，并在 RP-11 处创建直角坐标系，保证 X 轴方向在 RP-11 与 RP-1 的连线上。选择所创建的坐标系作为指定坐标，完成轴向平移连接创建。用相同的方法在位置 6 处创建轴向平移连接创建，其中"弹性"参数 D11 设置为 21 000，"阻尼"参数 C11 设置为 1 000。耦合参考点为 RP-12，RP-13，线特性名为 Wire-5。

图 9-13　局部坐标的定义

图 9-14　创建动作简内简截面的耦合

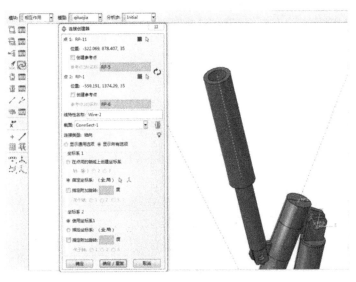

图 9-15　创建连接器

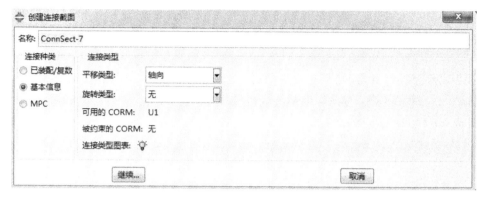

图 9 - 16　连接界面参数设置

　　在位置 9 处创建铰接：先隐藏其他部件，只保留量机轮，在两机轮连线中点出创建参考点 RP - 14，建立两机轮与参考点 RP - 14 的耦合，如图 9 - 17 所示；隐藏其他部件，只保留摇臂，在摇臂与机轮连接处的端面中心创建参考点 RP - 15，建立端面与参考点 RP - 15 的耦合。点击 创建连接，第一点选择 RP - 14，第二点选择 RP - 15，线特性名为 Wire - 6，连接类型选择："铰"，坐标系采用图 9 - 9 中位置 4 处定义的坐标系，保证 X 轴沿着两机轮中心连线即可。

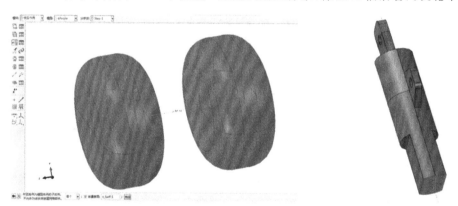

图 9 - 17　摇臂与机轮连接处的耦合参考点与面的选取

9.6　输出变量设置

　　在分析步中设置输出变量，进入分析步模块，点击 创建历程输出 H - Output - 2，作用域选择"集"、Wire - 1 - Set - 1，输出变量选择如图 9 - 18 所示的 CTF1，CTF2，CTF3。用同样的方法创建 H - Output - 3，H - Output - 4，H - Output - 5，作用域分别选择 Wire - 2 - Set - 1，Wire - 3 - Set - 1，Wire - 4 - Set - 1。这里输出的是位置 4，5，7，8 处铰接头上的 3 个载荷分量。

9.7　载荷及边界条件设置

进入"载荷"模块,点击 创建边界条件,选择"位移/转角"作用区域选择 RP-1,保留 UR3 方向上的自由度,其他方向均限制其位移,如图 9-19 所示。同样,创建 RP-2 的边界条件,只保留 UR3 方向上的自由度。

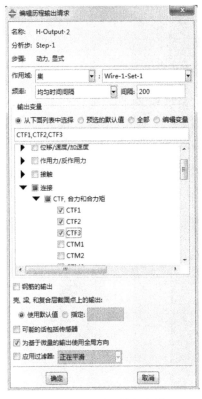

图 9-18　设置输出变量

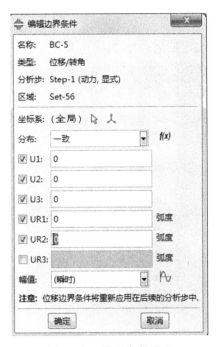

图 9-19　边界条件设置

点击 创建边界条件,选择"连接速度",作用区域选择 Wire-1-Set-1(即 RP-1 与 RP-11 之间的连线),V1 设置为 500。

9.8　网　格　划　分

网格总体选用 C3D8R,局部不规则的地方选用 C3D10M。网格划分如图 9-20 所示。

9.9　求解及后处理

进入"作业"模块,创建 Job-1 并提交作业进行计算。

等待计算完成后进入"可视化"模块查看起落架机构运动,不同时刻起落架运动位置如图

9-21 所示。

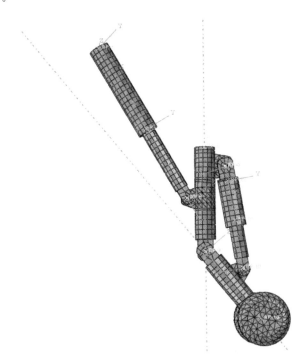

图 9-20　网格划分结果

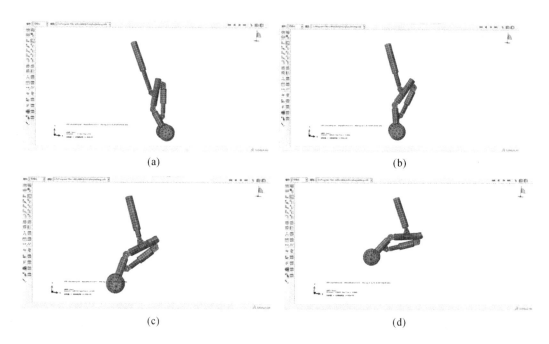

图 9-21　不同时刻下起落架收放位置

(a)$t=0$s；　(b)$t=0.25$s；　(c)$t=0.5$s；　(d)$t=0.8$s

输出铰接处载荷,点击 图标,选择"ODB 历程变量输出",如图 9 - 22 所示,选择要输出的结果数据,这里选择 CTF1 进行输出,绘制的结果曲线如图 9 - 23 所示。

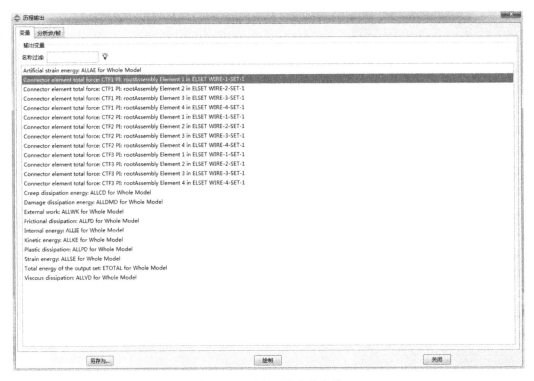

图 9 - 22　选择要输出的变量

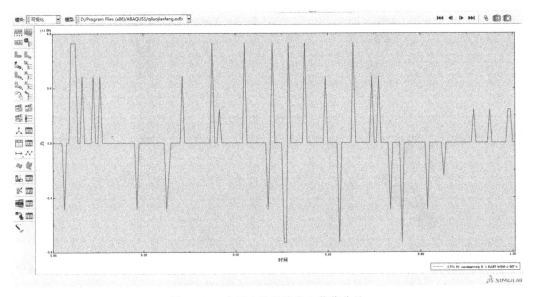

图 9 - 23　位置 4 处铰接头上载荷分量

第10章 机身开口结构的裂纹分析

裂纹扩展是指裂纹从萌生起直至裂纹长度增长至临界长度而导致结构或材料破坏的过程。裂纹扩展是一个相对缓慢的过程,航空结构中出现了可检裂纹后还有一定的使用寿命,为了在充分利用结构使用寿命的同时确保飞行安全就需要进行裂纹分析。

裂纹分析通过有限元分析模拟裂纹在工作情况下的扩展情况,得到不同裂纹长度下的应力强度因子,分析随裂纹长度增加导致的结构的力学性能变化,为确定结构寿命提供依据。

裂纹分析主要有两个关键步骤:

(1)通过静力分析确定开裂位置与开裂模式。

(2)模拟裂纹扩展,计算不同裂纹长度下的裂纹尖端应力强度因子。

裂纹一般在局部应力集中的区域产生,因此选择开孔结构、接头结构等部位进行裂纹分析。飞机结构含有多种工况,在确定开裂位置时需要逐一分析每种工况对应的应力分布,找出其中局部应力最为集中的一个或多个情况,裂纹一般在这些位置产生。确定裂纹的开裂模式需要仔细分析各种工况下结构的受力情况,一般裂纹会沿着垂直于合外力的方向扩展。

裂纹分析时一般从可检裂纹长度开始计算,每次在原裂纹长度的基础上增加一定的扩展增量然后重新计算裂纹尖端应力强度因子结果,直到裂纹长度达到几何边界或者应力强度因子达到临界值。

为了模拟裂纹偏转,在每次计算后根据计算出的裂纹偏转角度调整裂纹扩展方向,若裂纹不发生偏转则可以适当增加扩展增量,若偏转角过大则减小扩展增量,保证裂纹偏转较为平滑。

下面将以含开孔机身结构为例说明航空结构的裂纹分析过程。

10.1 问 题 描 述

如图10-1～图10-3所示,某型飞机为加装仪表设备在机身上增加了直径为13.4cm的圆形开孔并打断了一根长桁。开孔旁边安装了加强板进行补强,被打断的长桁通过角片与加强板和蒙皮相连。设长桁方向为 X 向,垂直长桁方向为 Y 向,各工况下该开孔附近蒙皮受力情况见表10-1。要求有限元建模分析,重新校核该结构强度。

表 10-1　开孔附近蒙皮受力情况

工　况	X 向		Y 向	
	正应力/MPa	切应力/MPa	正应力/MPa	切应力/MPa
1	−10	−0.2	−5	0
2	20	0.1	11	0.3
3	−2	3	−1	2
4	−5	−1	3	2

图 10-1 含开孔机身结构

图 10-2 含开孔机身结构截面图

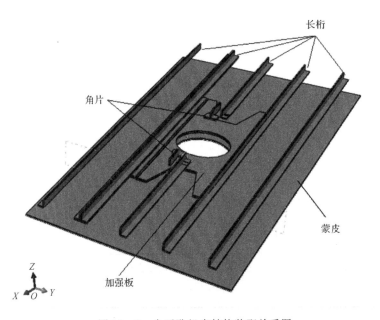

图 10-3 含开孔机身结构装配关系图

10.2　建　模　分　析

有限元分析的第一步是根据结构和受力形式对结构进行简化,在保证力的传递关系和受载情况不变下可忽略局部细节。

裂纹分析通常是截取整机结构中的某一部分,根据圣维南原理,为了消除边界效应,保证关键区域的应力分布不受影响需要截取较大的分析区域。本例中分析的重点集中在孔边,分析时截取长 1 000 mm,宽 550mm 的结构区域进行建模。

本例结构包括蒙皮、长桁、加强板、角片等构件,下面分别分析这几种构件的简化形式。

1. 蒙皮与加强板的简化

飞机结构的多为薄壁结构,在有限元中用壳单元(单元号:S8R5)来描述。因此蒙皮和加强板可以简化为三维壳单元平面,如图 10-4 和图 10-5 所示。

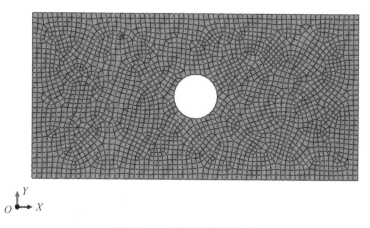

图 10-4　蒙皮有限元模型

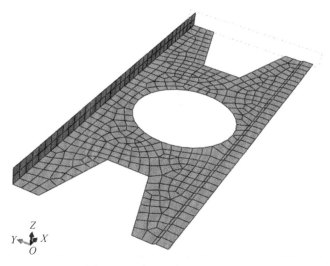

图 10-5　加强板有限元模型

2. 长桁的简化

在较为粗糙的有限元分析中长桁往往被简化为杆单元,考虑到本例中的分析规模较小,分析精细要求较高,同样用壳单元模拟长桁,如图 10-6 和图 10-7 所示。

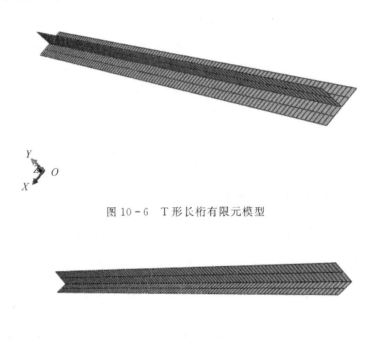

图 10-6　T形长桁有限元模型

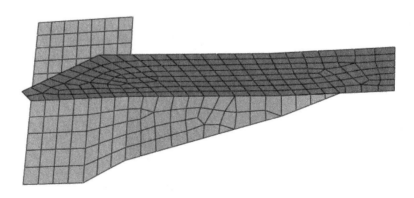

图 10-7　L形长桁有限元模型

3. 角片的简化

本例中的角片用于连接被打断的长桁与加强板,是重要的传力结构,并且角片距离孔边较近,为了保证孔边应力分布情况真实可靠故用壳单元建立完整模型,如图 10-8 所示。

图 10-8　角片有限元模型

4. 铆钉的简化

铆钉是飞机结构中常用的紧固件，本例中铆钉数量较多，采用 Interaction 模块中的 Fastener 功能进行模拟。具体的铆钉设置过程请参考相关章节。

建模后得到的整体有限元模型如图 10-9 所示。

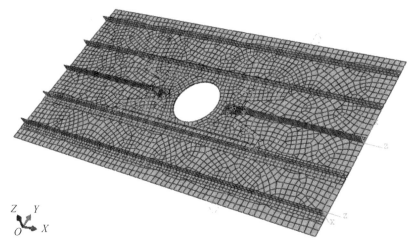

图 10-9　结构有限元模型

10.3　开裂模式分析

本例中采用图 10-10 所示的加载模式，拉伸方向为负方向。按照中给出的各工况设置加载，并提交分析，得到 4 种工况下的应力分析结果如图 10-11～图 10-14 所示。

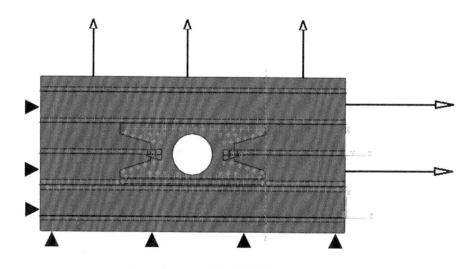

图 10-10　模型加载方式示意图

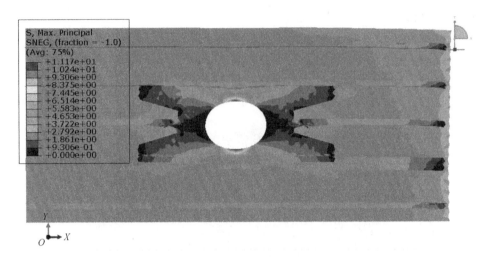

图 10 - 11　工况 1 应力分析结果

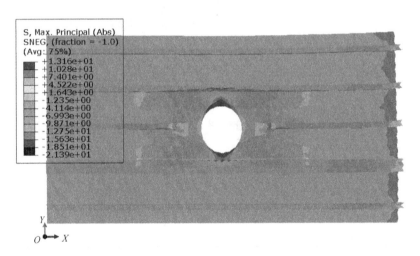

图 10 - 12　工况 2 应力分析结果

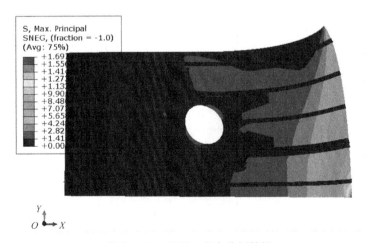

图 10 - 13　工况 3 应力分析结果

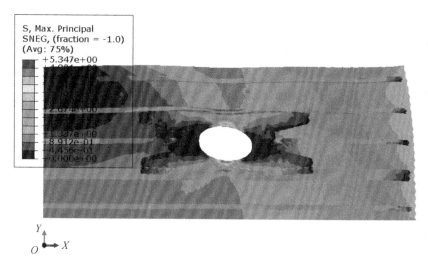

图 10 - 14　工况 4 应力分析结果

工况 1 在孔边出现了较强的应力集中,是容易产生裂纹的危险情况;工况 2 是压应力为主的工况,不会导致裂纹扩展;工况 3 是切应力为主的工况,边界处由于边界效应出现了应力集中外整体应力水平偏低,不易产生裂纹;工况 4 是在孔边产生了应力集中,但整体应力水平远低于工况 1,相对不易产生裂纹。

综上所述,可以确定最危险情况为工况 1,开裂位置为蒙皮上仪表开孔边。由于工况 1 中 X 向应力为主导,可以假设裂纹扩展方向垂直于长桁,如图 10 - 15 所示。

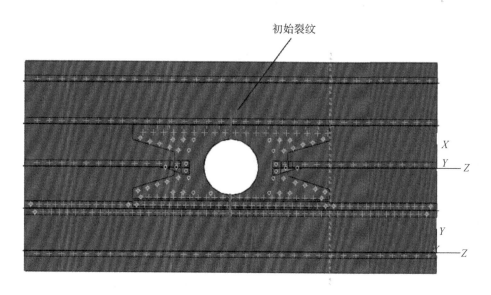

图 10 - 15　开裂模式示意图

10.4 裂纹扩展分析

进入 Part 模块,在蒙皮上绘制裂纹,一般机身上的可检裂纹长度为 2.5mm,如图 10-16 所示。由于开孔上、下两边的应力集中情况相仿,故设下孔边的初始裂纹与上孔边相同。

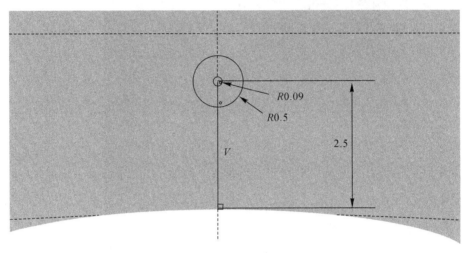

图 10-16 建立初始裂纹

进入 Interaction 模块,创建裂尖与裂隙,如图 10-17 所示。

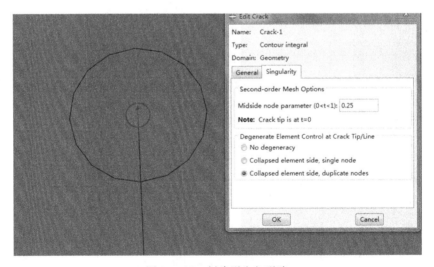

图 10-17 创建裂尖与裂隙

进入 Mesh 模块,设置围线积分区域分网模式,并设置单元类型为 5 自由度二次壳单元,如图 10-18 所示。

进入 Step 模块,添加两个裂尖的 History Output,围线积分数设置为 5,输出选择应力强度因子,如图 10-19 所示。

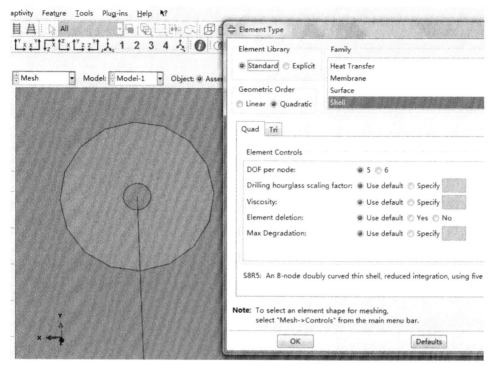

图 10 - 18　设置分网

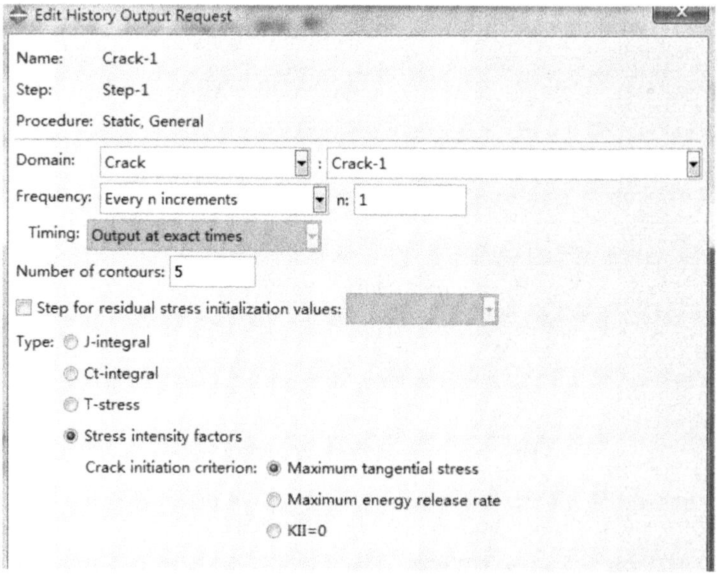

图 10 - 19　设置历史输出

进入 Job 模块，重新提交任务，得到应力强度因子结果，见表 10 - 2。

表 10 - 2　应力强度因子计算结果

裂尖 1	1	2	3	4	5
K I	35.28	35.28	35.29	35.29	35.29
K II	−0.176 0	−0.176 0	−0.17 61	−0.17 61	−0.1761
偏转角	0.571 5	0.571 5	0.572 0	0.572 0	0.572 0
裂尖 2	1	2	3	4	5
K1	32.60	32.60	32.60	32.61	32.61
K2	−0.126 4	−0.126 4	−0.126 4	−0.126 4	−0.126 5
偏转角	0.444 2	0.444 2	0.444 2	0.444 2	0.444 6

由于设置了围线积分数位 5，故得到 5 组应力强度因子计算结果。

从应力强度因子结果可以看出，裂尖偏转角很小（<1°），故可以认定裂纹不发生偏转。

取裂纹扩展增量为 2mm，由于此次扩展中裂纹不偏转，故只需在 Part 模块里修改裂纹长度重新提交任务即可，如图 10 - 20 所示。

注 1：若裂纹发生偏转，则需要重新绘制裂尖，如图 10 - 21 所示。

注 2：裂纹扩展后最好重新进行裂尖定义、裂隙定义、分网等操作，以防出现不必要的错误。

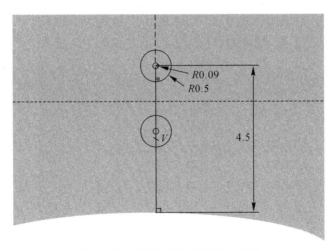

图 10 - 20　裂纹扩展，修改裂纹长度

如此反复多次，可以获得两个裂尖的应力强度因子曲线，如图 10 - 22 和图 10 - 23 所示。

注：本例中由于载荷较弱，应力强度因子远小于材料断裂韧度，故以裂纹扩展至几何边界为计算停止条件。

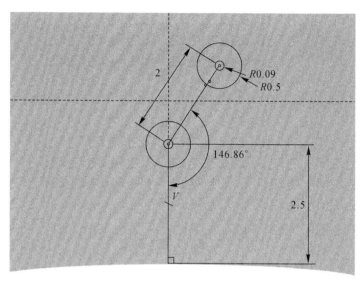

图 10 - 21　裂纹偏转时的裂纹扩展示意图

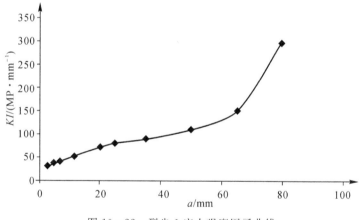

图 10 - 22　裂尖 1 应力强度因子曲线

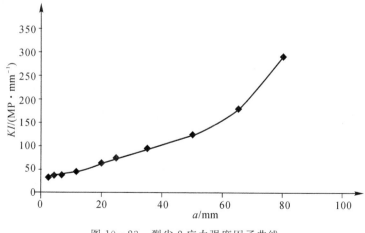

图 10 - 23　裂尖 2 应力强度因子曲线

第11章 机翼上壁板对接结构压缩载荷下的屈曲分析

固定翼飞行器飞行时升力主要产生于机翼,由于机翼升力大于自身重力会产生弯矩,此时机翼的受力状态为上壁板受压,下壁板受拉。结构在压缩载荷下常常在未到达极限载荷时就发生屈曲,特别是细杆及薄板结构等,结构受压时的屈曲载荷如何求解,本章以机翼上壁板对接受压结构为例说明应用 ABAQUS 分析航空结构屈曲问题的过程。

11.1 问 题 描 述

图 11-1 所示为某飞机机翼上壁板对接结构,材料为 2024-T3,确定该结构在沿 Y 方向压缩载荷下的结构承载能力特性。

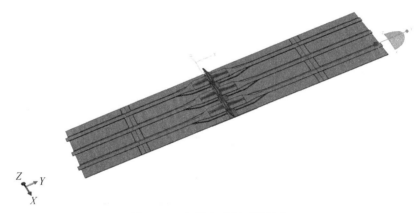

图 11-1 机翼上壁板对接结构

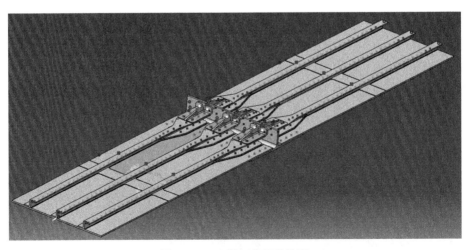

图 11-2 含铆钉位置结构图

该机翼上壁板对接结构部件之间为铆钉连接,如图 11-2 中彩色点表示,可以采用实体简化铆钉的形式建立铆钉约束,相关内容参见其他章节。研究结构的失效位置、屈曲载荷和前面章节中求解的屈曲问题相似,总体仍然可以运用线性屈曲和非线性屈曲的求解屈曲问题的方法。考虑到部件之间铆钉连接数量众多,实际的求解过程中如果一个一个去人工打铆钉孔建立铆钉孔约束的话,工作量会非常繁重,为此我们采用 ABAQUS 二次开发来创建部件间大量的铆钉约束,下面做具体介绍。

11.2　二次开发批量建立铆钉约束

该问题结构中铆钉众多,如果通过鼠标操作将会带来大量重复工作,并且易于出错。因此需要根据实际情况,通过开发二次代码实现这样的工作。

这里选择 ABAQUS GUI 程序开发,通过使用 RSG(Really Simple Gui Dialog Builder)对话框构造器进行 GUI 插件开发,单击 ABAQUS/CAE 主视图"Plug-ins"菜单下的"ABAQUS"子菜单中,开发界面如图 11-3 所示。注意单击"ShowDialog"按钮实时显示对话框界面,其中"GUI"界面定义界面控件,"Kernel"定义窗口的功能函数。具体的操作可以参见 ABAQUS 帮助文档,图 11-4 给出了完成本章节内容需要的界面示意图。

(a)

(b)

图 11-3　RSG 对话框构造器

(a)GUI 界面；　(b)Kernel 界面

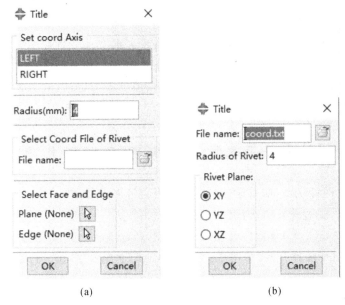

图 11-4　开发的铆钉孔生成器和铆钉单元生成器

(a)铆钉孔生成器；　(b)铆钉单元生成器

11.3　分　析　过　程

随书光盘中附有该机翼上壁板对接结构模型,文件名 shangbibanjiegou. cae。导入模型,点击"Plug-ins"→"Create Rivet"弹出如图 11-4(a)所示的对话框,在 File name 一栏选定铆钉孔位置坐标文件,在"Radius"一栏确定铆钉孔半径,在"Plane"和"Edge"两栏分别选定要打孔的平面和该平面的一个边线。如果铆钉孔的位置打的不对,可以通过更换"Set coord Axis"一栏中的左右选项和选定平面的其他边线进行调节,同时可以在模型树 Parts→要打铆钉孔的部件→Features→Cut extrude 中进入草图平面,通过修改和删除打铆钉孔建立的草图来实现对铆钉孔的调整,双击中键退出草图后激活新建的"Cut Extrude"就可以得到修改后的铆钉孔。打完铆钉孔后的模型如图 11-5 所示。

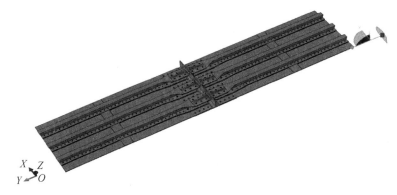

图 11-5　打完铆钉孔结构图

打完铆钉孔之后就可以在此基础上建立各部件之间的铆钉约束。点击"Plug-ins"→
"Create-Ele-of-Rivet"弹出如图 11-4(b)所示的对话框,在"File name"一栏中选定模型铆钉
孔位置坐标文件,在"Radius of Rivet"一栏输入铆钉半径,"Rivet Plane"选定为铆钉孔两端的
圆所在平面,将所有铆钉约束建立之后得到如图 11-6 所示的模型图。

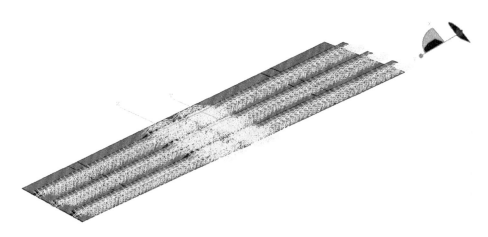

图 11-6　建立铆钉约束图

运用线性屈曲分析方法,进入 Step 模块选择 Buckle,定义求解特征值数目,通常情况下
只对前几个模态感兴趣,这里定义输出前 5 阶模态,如图 11-7 所示。

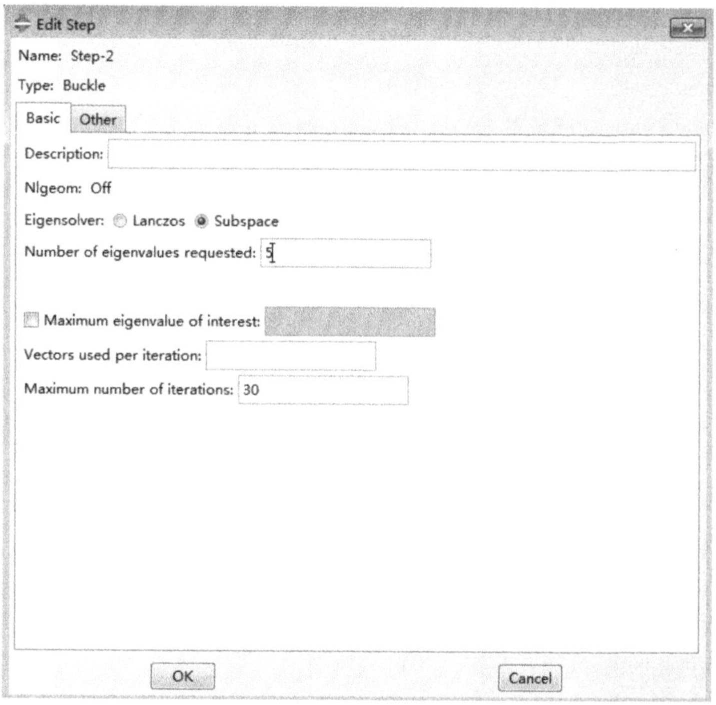

图 11-7　建立铆钉约束图

进入 Interaction 模块，两端面各定义一个参考点与其所在端面耦合，如图 11-8 所示建立 Coupling 约束。

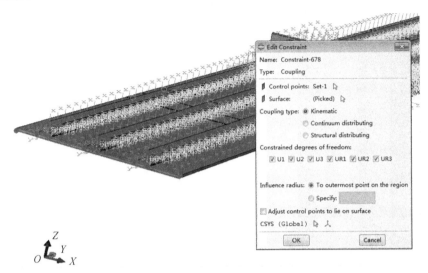

图 11-8　定义耦合

进入 Load 模块，由于屈曲载荷等于载荷乘以比例因子，为了方便知道屈曲载荷大小，在一端参考点上施加沿受压方向大小为 1 的集中力，如图 11-9 所示。另一端与端面耦合的参考点固定。

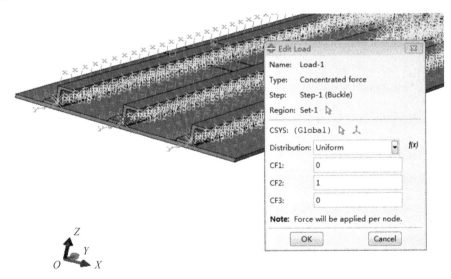

图 11-9　定义一点的集中力

考虑到实际受载时翼肋对上壁板结构的支撑作用，在支撑处用 Create Partition 的方法建立 Partition Face，如图 11-10 所示选定创建的 Partition Face，对其建立进行了 Z 方向的位移限制来模拟三处翼肋的存在对结构该地区的约束作用，如图 11-11 为其中一处的位移约束。

两端为模拟简支约束,允许壁板可以绕着 X 轴方向转动。

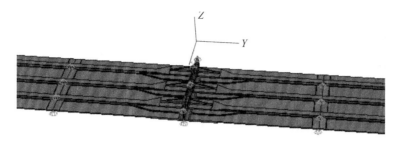

图 11-10　翼肋处的约束

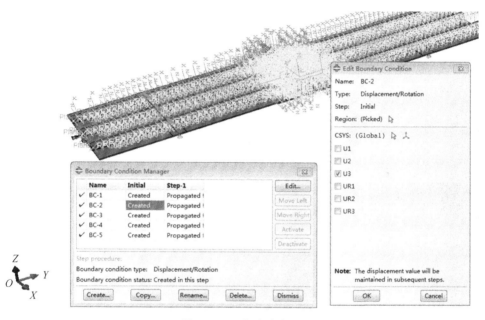

图 11-11　位移约束

进入 Mesh 模块,划分结构网格,考虑到模型曲线和倒角较多,单元类型选择 C3D4 四面体实体单元,网格划分如图 11-12 所示。

进入 Job 模块提交作业,得到屈曲载荷为 2 026.7kN,一阶的应力云图如图 11-13 所示。

非线性屈曲分析方法,第一步和线性屈曲分析相同。在线性分析提交作业之前,对 INP 文件进行修改,执行"Model"→"Edit Keyword",进入 INP 文件中,在如图 11-14 所示位置键入关键字。提交作业就得到在非线性屈曲分析中第二步要用到的.fil 文件。

和前面章节中非线性屈曲分析过程类似,复制原模型,进入 INP 文件,删除之前定义的要输出.fil 文件的关键字。在约束和分析步地方键入新的关键字,以引入初始缺陷,如图 11-15 所示。其中文件名为线性求解提交作业的作业名,要求两者必须一致。

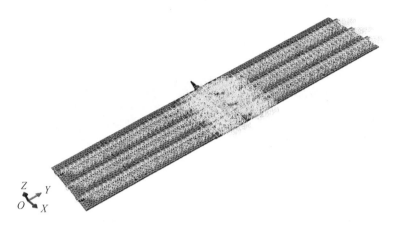

图 11-12　网格划分

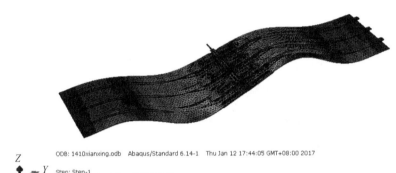

图 11-13　一阶模态应力云图

```
*Restart, write, frequency=0
*node file,global=yes
u
**
** FIELD OUTPUT: F-Output-1
**
```

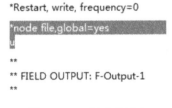

图 11-14　键入关键字

```
* imperfection,file=name,step=1
1,5e-4
2,5e-4
```

图 11-15　引入初始缺陷

进入 Step 模块，分析步更改为 General-Static-Riks。Load 模块中将原来一端施加的集中力删掉，换为在该参考点上施加压缩方向大小为 200mm 的位移载荷，其他不变，如图 11-16

所示。该位移大小能保证位移-载荷曲线中出现极限载荷即可,即载荷曲线出现最大值点后下降。

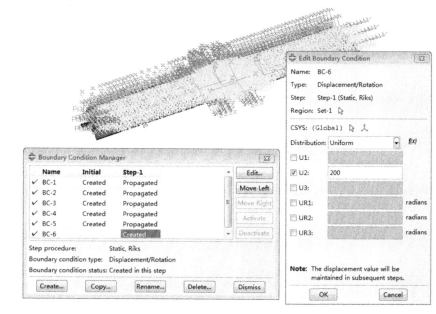

图 11 - 16　施加位移载荷

回到 Step 模块,定义两个 History Output,分别输出位移加载端的位移和另一端的支反力,如图 11 - 17 所示。

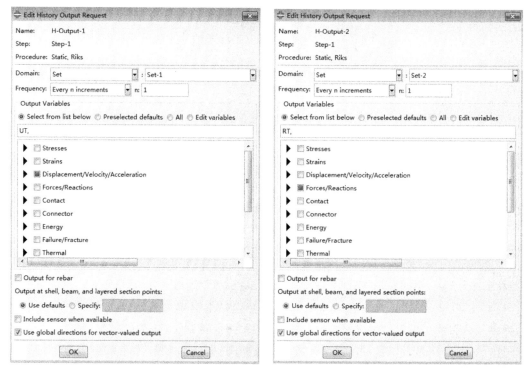

图 11 - 17　定义历史输出

进入 Job 模块提交任务,得到位移-载荷曲线如图 11-18 所示,极限载荷约为 1 682 kN。图 11-19 为弧长取 0.14 时的应力云图,可以看出此时结构形式和线性屈曲分析模态相似。

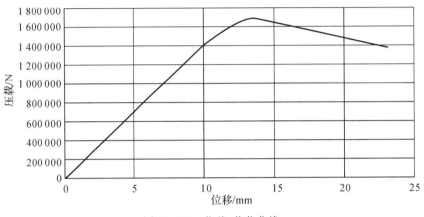

图 11-18　位移-载荷曲线

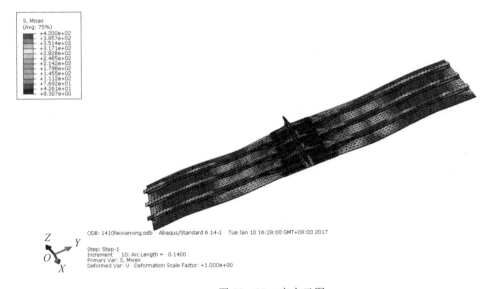

图 11-19　应力云图

运用显式动力分析方法,进入 Step 模块,选择 Dynamic-Explicit,Load 模块中和非线性一样,将原来一端施加的集中力换为在该参考点上施加压缩方向大小为 200mm 的位移载荷,同时要为位移载荷定义一个 Amp,点击如图 11-20 所示红圈标示或者选择"Tools"→"Amplitude"→"Create",然后创建一个 Amp,定义位移-载荷在一个周期范围内随时间的变化,此时的实际位移-载荷为位移-载荷乘以定义的 Amp 中 Amplitude 值,例如定义 Y 轴方向的位移为 10,Amplitude 为 0.1,此时实际的位移-载荷为 1。

回到 Step 模块,定义两个 History Output,分别输出位移加载端的位移和另一端的支反力,计算完成后就可以得到要求输出的位移和载荷,由此得到位移-载荷曲线。

进入 Job 模块提交任务,得到位移-载荷曲线如图 11-21 所示,极限载荷约为 1 692 kN。

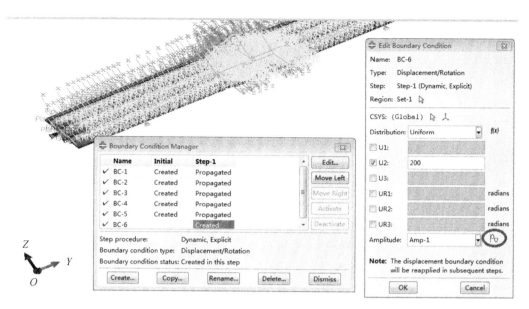

图 11-20　定义位移载荷

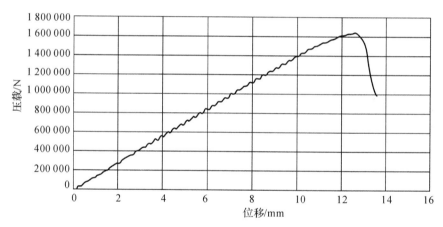

图 11-21　位移-载荷曲线

参 考 文 献

[1]　叶天麒,等. 航空结构有限元分析指南[M]. 北京:航空工业出版社,1996.

[2]　杨卫平. 飞机结构有限元建模指南[M]. 北京:航空工业出版社,2013.

[3]　李亚智,等. 有限元法基础与程序设计[M]. 北京:科学出版社,2004.

[4]　王晓军,等. 航空航天结构中的有限元方法[M]. 北京:北京航空航天大学出版社,2011.

[5]　石亦平,等. ABAQUS有限元分析实例详解[M]. 北京:机械工业出版社,2006.

[6]　庄苗,等. 基于ABAQUS的有限元分析和应用[M]. 北京:清华大学出版社,2009.

[7]　殷之平,等. 结构疲劳与断裂[M]. 西安:西北工业大学出版社,2012.